地理
中国

地理系列丛书

胡杨

胡杨 ○ 著

生命轮回在大漠

中国林业出版社

圖·图阅社

U0312383

胡杨天生以沙漠为伴，有了沙漠，才有了胡杨的伟岸和坚韧。有了沙漠，才有了胡杨坚守的可贵。透过层层叠叠的黄沙，胡杨林传递给我们的是生命的真谛。

换一个角度看胡杨，比如俯瞰胡杨，会有另外一种感受。广阔无垠的沙漠，胡杨星星点点，如同一盏盏灯，火焰般的光辉，驱散大地的荒凉。

寒凝大地，霜雪漫天，在遥远的戈壁和沙漠，
胡杨高擎一方蓝天，浑身的雪挂，像是晶莹的
玉条琼枝，装点着生命的另一番景致。

序｜**大漠英雄树——胡杨**

　　走在西部的大地上，在无限荒芜的戈壁和沙漠，往往能看见胡杨树的身影，它皲裂的身躯、茂密的枝叶，不畏干旱，不畏烈日酷暑，不畏严寒风雪。每当秋天，秋风肃杀，它的叶片渐渐由绿转黄，金灿灿的叶子，华丽而富贵，是一道镶嵌在心灵之上的灵魂画卷。温暖了秋天的戈壁和沙漠；这还不算，它能够坚守寂寞和贫瘠，它能够在寸草不生的戈壁沙漠中生而不死一千年，死而不倒一千年，倒而不朽一千年，这三个一千年，成就了一种树种的精神气质。

　　因而，我们书写胡杨，我们赞美胡杨，我们敬重胡杨。

　　中国是胡杨的故乡，主要分布在西部的广阔戈壁和沙漠上，越是贫瘠的土地，越是严酷的自然环境，越是春风不度的地方，越能看见胡杨。从甘肃河西走廊的疏勒河流域、黑河流域，内蒙古的额济纳河流域，新疆的塔里木河流域，大片大片的胡杨林，屹立在风沙线上；大片大片的胡杨林，簇拥着牧人的家园；大片大片的胡杨林，保卫着葱郁的绿洲。

　　可以说，在没有生命没有人烟的大漠戈壁，胡杨是一面旗帜。在荒芜中旅行的人们看见了胡杨，就看见了希望。没有一种植物能够像胡杨，给人以如此的震撼力，它是一棵树，更像是一部催人奋进的书。

　　为胡杨立传，为中国大地上不朽的生命立传，相信我们的文字也一定会像胡杨的一生一样，三千年不死，三千年不倒，三千年不朽。唯此，我们才能够把胡杨写好，写活。

　　　　　　　　　　　　　　　　胡杨

茂密的胡杨，把秋天的寒霜化作炽烈的火焰，把沙漠戈壁的盐碱化作坚韧的枝杈，把每一个早晨和黄昏化作金黄的叶片……胡杨，大漠的精灵，戈壁的英雄。

[目录]

【卷二】 胡杨的前世今生

那些璀璨的叶片
像候鸟一样飞走了
沉淀在岁月的深处
折断了翅膀
再也飞不回来
那些凛冽的风
像霞光一样扑来
撕裂生命的呐喊
直至黯哑
再也发不出声音
那些面向春天的誓言
狂沙过后
打磨得光亮而坚硬
像凌厉的枝条
抽打着冰冷的雪
从戈壁到戈壁
从沙丘到沙丘
荒芜中站立的勇士
守卫永不凋零的希望

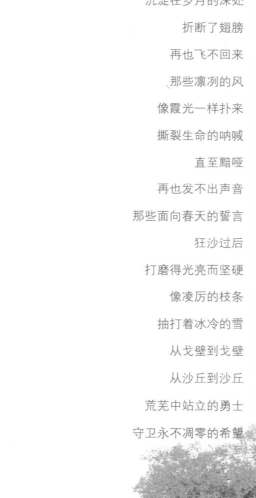

1. 沙漠和戈壁中安家

沙海无垠，绿洲遥远。在中国西部这块神奇的土地上，没有什么比能看到胡杨这样一种植物，更让人震撼和激动的了。

它们是中国西部的英雄树，是西部精神、西部性格的象征。沿着丝绸古道，我们找到了心中那片希望的绿洲——胡杨的故乡。

粗壮的枝干上，只有这一簇金黄的叶片，在干涸的戈壁，在茫茫的荒野，傲然于世的胡杨，仅用这一簇黄叶，就把人间最美的秋天呈现给了世界。

〔卷二〕胡杨的前世今生

让目光穿越大漠孤烟，让一棵棵挺立在沙漠中的胡杨编织绿色的生命之海，让生命不朽的传奇成为永恒！

世界上有三大胡杨林，除了北非大沙漠中少量的胡杨林外，大部分都生长在中国西部，它们是塔里木河流域的胡杨林，这片胡杨林规模大、跨度长，基本上沿着塔里木河的流向繁衍蔓延，成为塔里木河无处不在的象征。在新疆，胡杨林就是生命的旗帜，有胡杨林的地方，就有人的生存；有胡杨林的地方，就有生命的希望。

另一片胡杨林是内蒙古额济纳胡杨林，这片胡杨林号称百万亩，树木集中稠密，树龄古老，往往连片成林，隐天蔽日。每逢秋日，霜降之后，胡杨林金光灿灿，宛如出浴的金发少女，美丽动人，摄人心魄。

在甘肃河西走廊的疏勒河流域，沿着河流向西，分布

在无垠的荒野，胡杨树的繁殖能力无与伦比，它们总是抓住所有的生存机遇，壮大生命的实力。

着零零散散的胡杨林，这些胡杨林与疏勒河流域的文化古迹一起，成为一道靓丽的自然风景线和人文景观带。

近年来，甘肃金塔县的万亩人工种植的胡杨林逐渐显现景观气象，整齐划一的胡杨林带矗立于沙漠的前沿，湖光山色，秋色潋滟，胡杨的秋叶随风飘落，美不胜收。

胡杨，天赐恩物，一树三叶，似杨似枫，秋露一洒，滋润生光。

在遥远的年代，在广阔的额济纳草原和无垠的塔里木河流域，传说江格尔夫人——阿盖·萨尔塔拉去世升仙时，回眸眺望美丽的草原，拔下云鬟上几串珠花撒向广袤的原野。霎时，红光四射，瑞气飘香。珠玉落在荒芜的沙漠戈壁，顿时长出一片片神奇的树林，脊梁挺直，身高五丈，枝柯盛大，金叶璀璨。这，就是胡杨。

注：1 丈 ≈ 3.333 米

胡杨 生命轮回在大漠

2. 古老的化石级树种

  在沙漠中，胡杨是唯一的乔木树种，它的唯一，是它与自然顽强抗争的结果。可以说，它自始至终见证了中国西北干旱区逐步走向荒漠化的过程。在这个过程中，沙漠化的汹涌逼近，也曾使胡杨无处安身，那些曾经存活在沙漠深处的胡杨虽然已经枯萎、死亡，坚守着的胡杨已退缩至沙漠河岸地带，仍然在"死亡之海"张扬着生命之魂。

  考古发现，胡杨曾经广泛分布于中国西部的温带暖温带地区，新疆库车千佛洞、甘肃敦煌铁匠沟、山西平隆等地，都曾发现胡杨化石，证明它是第三纪残遗植物，距今已有6500万年以上的历史。胡杨虽然生长在极干旱荒漠区，但骨子里却充满对水的渴望。尽管为适应干旱环境，它做了许多改变以减少水分的蒸发，例如，树叶革质化、枝上长毛，甚至幼树叶如柳叶，因而有"异叶杨"之名。然而，作为一棵大树，还是

往往要经过数百年的岁月磨砺，才能成就一棵粗大的胡杨树的风采。

需要相应水分维持生存。因此，在生态型上，它还是中生植物，即介于水生和旱生的中间类型。

胡杨能够在干涸的土地上生长，那么，它生长需要的水从哪里来呢？原来，它是一类能够跟着水走的植物。科学研究证明沙漠中的河流流向哪里，它就跟随到哪里。随着气候和环境的变化，沙漠中河流的改道和变迁又相当频繁，于是，胡杨在沙漠中处处留下了曾经驻足的痕迹。在西部的许多古河道、古城遗址都有胡杨的踪影，它们或是枯枝败叶，或是高高耸立的枯竭的树干，或是只剩下腐朽的树根。

与其他植物相比，由于生长环境的不同，胡杨的根系往往十分发达，只要地下水位不低于 4 米，它依然能生活得很自在；在地下水位降到 6~9 米后，它们就勉强维持生存；地下水位再降下去，大多数胡杨就枯萎了。据有关资料记载，一棵经年的胡杨，它的根系竟然深入地下 100 多米，这简直近乎奇迹了。

塔里木盆地的胡杨，特别是塔里木河沿岸的胡杨，是地球上胡杨最多的一片分布区，曾经十分辉煌。据历史记载，西汉时期，楼兰的胡杨覆盖率至少在 40% 以上，人们的吃、住、行都得靠它。在清代，仍是"胡桐（即胡杨）遍野，而成深林"。但从 20 世纪 50 年代中期至 70 年代中期，短短 20 年间，塔里木盆地胡杨林面积由 52 万公顷锐减至 35 万公顷，减少近 1/3；在塔里木河下游，胡杨林更是锐减 70%。在幸存下来的树林中，衰退林占了相当部分。造成这种结局的原因，主要还是人类不合理的社会经济活动所致。

在塔里木河一带的公路上，我们看见了一段世界上最长的砖砌路，那些密密麻麻的几亿块砖，全部是由塔里木

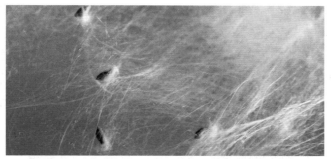

胡杨是一种神奇的植物，每到春暖花开，大地复苏之际，它的像柳絮一样种子在风中悠然飘落，只要遇到潮湿的地方，它就能迅速发芽，在有限的时间内扎根、出苗。在严酷的自然环境中，胡杨的家族就是这样不断扩展着自己的领域，那些密密匝匝的原始胡杨林，隐藏着岁月的年轮和顽强的生命积累，让人肃然起敬。

胡杨 生命轮回在大漠

胡杨是一种其他的树种，它一树多叶，有柳叶、银杏叶等，它的种子在春天随风飘逸，遇到泥土和水分就迅速发芽扎根，这也许就是胡杨树生生不息的奥秘。

河周边的胡杨木烧制而成的，可以想象，那要毁掉多少胡杨林。沙退林进，林退沙进，胡杨及其林下植物的消亡，使塔里木河中下游成为新疆沙尘暴两大策源区之一。为了使这样的生态悲剧不再重演，人们开始了挽救塔里木河、挽救胡杨林的行动。向塔里木河下游紧急输水已初见成效，两岸的胡杨林已开始复苏。面积近 39 万公顷的塔里木胡杨林保护区已升格为国家级自然保护区；轮台胡杨公园也升格为国家森林公园；以胡杨林为主体的塔里木河中游湿地受到国际组织的关注，并列为重点保护的对象。我们在塔里木河胡杨林保护区拍摄的时候，就曾遇到了保护区的管理人员，在他们的严格监督下，我们在林区没有抽一根烟，没有损害一条树枝。从我们的观察来看，这样的保护是有效的。

3. 神奇的胡杨

有人说，胡杨的根系可以穿越地下 30 米，这不是夸张。只要你走进胡杨林，看见胡杨高耸的树干，看见周边干涸的沙漠和戈壁，你 就会明白，没有发达的根系，胡杨树就不可能如此茂盛。

在西北，在辽阔的沙漠和戈壁地带，在美丽的绿洲，民间流传着这样一句谚语："有胡杨树的地方是牛羊成群的地方，有胡杨树的地方是牧人扎根的地方""草原上的勇敢者是赛马手，沙漠里的英雄是胡杨树"。的确，在干旱的沙漠戈壁地带，是一棵棵胡杨以其旺盛的生命力使人们鼓起了生活的勇气；也是那一棵棵胡杨，造福于一方水土，使荒漠充满了绿荫。

胡杨，又名胡桐。目前世界仅存三大胡杨林，分布于中东沙漠、塔里木河流域及内蒙古额济纳。全世界90% 的胡杨在中国，中国90% 的胡杨在新疆，新疆90% 的胡杨在塔里木。胡杨有发达的根系，因此它能够在干旱的沙漠戈壁中存活。有了发达的根系，胡杨就可以吸收到沙漠戈壁深处的地下水，使它生命永葆。

胡杨，是一亿三千万年前孑遗的树种，是当今世界上最古老的杨树品种，被誉为"活着的化石树"，通常在沙漠地区生长。有人说它是"神树"，是"生命之树"，是"不死之树"，也是"景观最美的树"。应该说任何赞誉，对于胡杨都是不为过的。胡杨，耐严寒、挡风沙、抗盐碱，傲然挺立在戈壁大漠上，为"生命禁区"撑开一片生命的绿洲。

胡杨 生命轮回在大漠

4. 美丽的树

维吾尔族人民给了胡杨一个最好的名字——托克拉克，即最美丽的树。它的美丽，源自它们面对干旱的顽强和悲壮，而保护和发展胡杨的美丽，则是我们人类不可推卸的责任和义务。

人们惯称的胡杨，是杨属的灰杨和胡杨两个品种，由于它们外形、习性相近，人们将它们统视为胡杨。胡杨是第三纪的孑遗植物，也是干旱沙漠地区唯一能构成浩瀚森林的乔木树种。胡杨是在温带荒漠气候条件下的冲积物细砂、亚细沙中发育起来的树种，故对荒漠干旱气候有较强的适应性，并对土壤的形成发育起着重要作用。

胡杨一般树高 10~20 米，最高 28 米左右。胸径数十厘米直至 1 米不等。因为胡杨耐干旱、寒冷，生命力极强，用途广泛。胡杨树的叶子可以喂养牲口，那些长期堆积在地下的胡杨叶，形成厚厚的一层腐殖土，是

贫瘠的土地上，遥远的沙漠戈壁，总能看见胡杨树的身影。

很好的肥料；胡杨的枝条，每年都有许多被大风吹断，散落于地，是牧民们生火做饭的燃料；至于说胡杨树干，那更是宝中之宝，据说，世界著名的意大利小提琴的琴身就是用上好的胡杨木制作而成，由于胡杨特殊的木质，在发音上有独到的作用，胡杨就成为制作一流小提琴的首选木材，很多年来这一直是小提琴制作者的秘密。

我们在新疆尉犁境内的罗布人村寨看到，古老的罗布人的生活，与胡杨休戚相关。他们的房屋是用胡杨木垒筑的；他们的羊圈是用胡杨树枝围起来的；他们使用的各种

在塔里木河流域的罗布人，常年生活在胡杨林中，他们就地取材，用整段的胡杨木制作独木舟，在塔里木河穿行打鱼，十分方便。

工具，包括门板、面盆、板凳、桌子、床、独轮车、毛驴车等，甚至打鱼的船，都是用胡杨木做成的。那是很怪异的独木舟，把一段粗大的胡杨主干中间凿空，人能够坐在凿空的部分，就是一只船了。在那个罗布人村寨里我们试验过，没有相当的技巧，驾驶这样的船没有不翻船的。

苍凉寂寞的大西北，荒山绵绵，沙浪滚滚。人们期待的是一泓清泉，人们渴望的是每一片绿洲。而胡杨生长在众所周知的干旱区，饥渴的人们只要看见了胡杨林，就看见了希望。胡杨树干上常常流淌一种汁液，人们叫它"胡杨泪"，这"胡杨泪"就可以解渴。风干的"胡杨泪"凝固成白色的块状，则是胡杨碱。千百年来，牧民们用胡杨碱发面蒸馒头，还用胡杨碱"熟"羊皮、牛皮，所谓的"熟"就是用胡杨碱除去羊皮、牛皮表面上的油脂。另外，胡杨对防风防沙、改善气候和生态环境都发挥着重要作用，因此，它备受人们赞誉。

胡杨树干上会流出一种液体，液体经过风吹日晒，在胡杨树干上留下一层白色的粉末，这就是"胡杨碱"。胡杨碱可以食用，当地人用它来蒸馒头、做碱面，味道鲜美之极。

当一棵棵雄壮挺拔的胡杨，高举着金黄色的烈焰，我们看到的是迸发的激情，生命的舞蹈。

金秋十月，是胡杨林最富梦幻的季节。经过春风的滋润，夏雨的洗礼，当漠野吹过一丝清凉的秋风，胡杨便在不知不觉中，由浓绿渐渐浅黄，继而杏黄。黄的沙，黄的叶，神奇而神秘。

登高凭眺，金秋的胡杨林如潮如汐，高高低低，斑斑斓斓，漫及天涯，汇集成金色的海洋。金黄的阳光，金黄的森林，典雅而华贵。

　　落日苍茫，晚霞一抹。胡杨林由金黄变成橘红，最后化为一片褐红，渐渐地融入朦胧的夜色之中，诗之情，梦之韵，无边无际。

　　一夜霜降，胡杨更黄，如同黄色的火焰熊熊燃烧。而每一棵高大的胡杨树冠枝头，间或又有浅绿、淡黄的叶片在闪现，错落有致，色彩缤纷。

胡杨 生命轮回在大漠

秋风乍起，胡杨金黄的叶片，飘飘洒洒。大地如铺金毯，辉煌而凝重。

漫步在浓郁的胡杨林中，仿佛进入了神话中的仙境。茂密的胡杨千奇百怪，神态万般。粗壮的几人难以合抱，挺拔的有七八丈之高，怪异的似苍龙腾越，虬蟠狂舞，令人惊奇不已。行走在这铺满落叶的林海间，体味着黎明如烟如丝的浅唱。此时，狂风肆虐的大漠戈壁温驯了许多，蛮横的沙尘暴也似乎静听这天籁之音。从这苍茫无际的林海间，透出的秋日的每一缕阳光，都是那么深

沙漠的秋天，因为有了胡杨树和红柳，呈现出一派五彩斑斓的迷人景象。

杨洪 摄

[卷二] 胡杨的前世今生

每当秋季，胡杨树的叶子披满金灿灿的阳光，牧人们就赶着羊群来了。随风飘零的叶子，是羊群的最好饲料；活泼自由的羊群，又为寂静的胡杨林增添了几分生气。

情而专注。

这光影、树影、云影交织的幻境，金碧空明，浩阔缥缈，给人以无尽的遐想。那宛若神祇的灵光，直达荒芜的心野。而投映在水洼中的树影，依然静如少女的沉默。

湛蓝的天空下，那延绵起伏的沙丘错落有序。羊群在草地上行走，犹如天边的云朵。在缓缓流动的风景中，是一处浅浅的河滩，骆驼正在悠闲地汲水，似乎也为这秋色所陶醉。金秋的胡杨林，顶着朝霞般的发缕，犹如一簇簇灼灼的圣火，在燃烧着生命的辉煌。

在这里，我们看到了胡杨"生而不死一千年，死而不倒一千年，倒而不朽一千年"的顽强性格。它们伫立在荒野里，一层一层地延伸着，紧紧地缠绕在一起，共同护佑着这片深沉的土地。无论风沙怎样吹打，也不愿倒下。是恶劣的自然环境，造就了它们顽强的生命力。它们仅靠发达的根系汲收偶尔流过的地面水，维持自己的生命。它们手拉手，肩并肩，它们的站姿是婀娜，每一棵树都是一种优美的舞姿。正是它们所经历的前所未有的苦难，造就了它们的优美和高雅。

　　美丽的胡杨，神奇的胡杨，不朽的胡杨，伫立于沙漠的前沿阵地，每一条枝丫都极力地向四面八方伸展开去，仿佛蕴含着永恒的期待，在寂寥的苍穹下，等待着人们去解读和欣赏。寥廓荒野之上每当看到无比健硕高大的胡杨树，我们的内心便充满了力量。

左边是沙漠，右边是沙漠
前边是沙漠，后边是沙漠
走出林子的人，一声惊讶
这是刀刃上的树

500万亩天然胡杨林
挤在
腾格里沙漠与巴丹吉林沙漠缝隙里
是一个庞大的榨汁机
根系连在一起，托着水
叶片连在一起，撑开沙
树梢上，挂着洁白的云

上马阴山，下马居延
居延是
腾格里沙漠与巴丹吉林沙漠缝隙里的奶腺
八道桥所有的汁液
流向它

胡杨的丛林，渐渐稀疏了
有那些骆驼左顾右盼
还有红柳、梭梭柴的守护
盘旋的苍鹰
沿这条逼仄的缝隙
找到了自己的巢穴

牧人的嗓音，圆润、悠长
与那甜蜜的汁液有关
羊群的欢跳
与头羊的心情有关

八道桥，八只杯子
腾格里和巴丹吉林相互碰杯
一杯、一杯、一杯
沙漠沉醉了
戈壁沉醉
我们看见了胡杨林

1. 母亲河——额济纳

从一座小城的四面走出去，都能走进沙漠或戈壁，仔细想来，这是一件可怕的事情。第一次到额济纳，沿着东南西北4个出城的方向狂奔，不长时间，就把金黄的森林和紫红色的红柳抛在了身后，取而代之的是无垠的戈壁和高高叠起的沙丘。在我们返回的途中，我一遍遍向后车窗看，生怕那些荒芜的戈壁和沙漠会像一只狼，紧跟我们。

之后，每隔几年，我都要去一趟额济纳，刚开始的时候，是在每年的10月份去，主要是去欣赏那金灿灿的胡杨；后来，分别在不同的季节去，那真是别有趣味。

除了伏天，什么时候来额济纳都是正确的。因为入伏之时，是额济纳一年之中最炎热的季节。当地的朋友在电话里说，那里的地表温度达到了50多度，沙丘里能蒸熟鸡蛋。这个季节去额济纳，只能待在宾馆里，出门就是滚滚的热浪，躲都没地方躲。

可我还是去了，还想到处走走，尤其是想沿着那东南西北的路，走出额济纳，去看看那些戈壁和沙漠。

去额济纳，我们的目光被戈壁上的蜃景所迷惑，同时也被一条真实的河流所鼓舞和感动。这条河流就是额济纳河，被当代的蒙古人称之为"母亲河"。

额济纳为党项语"亦集乃"的音转，意为黑水或黑河。但清末学者何秋涛在为清张穆所著的《蒙古游牧记》作注时，曾引徐星伯先生所云，认为"额济纳为蒙古语，意幽隐也"。

额济纳河是中国第二大内陆河，干流全长821千米，流经青海省、甘肃省和内蒙古自治区。上游叫羌谷水、鄂

博河（古作弱水，蒙古语"先祖之地"），穿越张掖绿洲，
在茫茫无际的戈壁沙漠上创造了良田万顷、碧水荡漾的人
间美景；流到酒泉就改名叫弱水了，弱水传说鸿毛不浮，
浩浩荡荡，催生广袤的酒泉绿洲，滋养了众生万物；进入
阿拉善盟，便叫额济纳河。是额济纳河，聚起了滚滚如潮

的胡杨林。

　　额济纳河发源于祁连山，从祁连山南坡向东南流经祁连县与八宝河（又名鄂博河）汇合，向西北穿祁连山，从鹰落峡出山入张掖绿洲，再流经正义峡入内蒙古额济纳旗绿洲，最后注入苏古淖尔和嘎顺淖尔。额济纳河便以鹰落峡、

有位佳人，在水一方。在水一方的胡杨树，亭亭玉立，宛如佳人。

正义峡将全流域划分为上中下游。

　　额济纳河的前身是黑河。黑河是我国第二大内陆河，据资料记载，它发源于青海省祁连山东麓，干流全长 821 千米，流域面积 14.29 万平方千米（其中干流水系 11.6 万平方千米）。黑河进入额济纳旗流程约 270 千米。在狼心山分为东、西两条河，东西河总长分别为 179 千米和 177 千米，北流途中，又分为 19 条支岔，最后流入居延海。东西居延海相距 80 千米，形成额济纳三角洲。额济纳三角洲历史上曾经是水草丰美、驼羊成群的绿洲。古时的额济纳河水量丰沛，流域内水草丰美，宜农宜牧，是巴丹吉林沙

胡杨 生命轮回在大漠

漠边缘的一片绿洲，为巴丹吉林沙漠和大戈壁之间的狭长通道，是河西走廊"丝绸之路"去漠北的必经之路，地理位置十分重要。黑河的尾闾是居延海，黑河水四季长流，源源不断，居延海才会碧波荡漾。

像 20 世纪 80 年代末 90 年代初，黑河断流，额济纳地区沙尘暴骤起，大片的草场沙化，居延海也干枯见底。为了保护额济纳地区的生态环境，国家采取了黑河调水政策，每年都有一定量的黑河水供给额济纳，实行了这个政策之后，额济纳的生态环境大为改善，干渴已久的居延海也开始呈现碧波荡漾的美景。

连绵的沙漠，峰脊如刀如刃，而远处的胡杨林，却以茂盛的枝叶与它遥相对应，毫无畏惧。

胡杨　生命轮回在大漠

2. 岁月深处

　　正是戈壁和沙漠，把夏天的热，源源不断地运送到额济纳。在三伏天，蜃景漂浮在目所能及的半空，与绿色的胡杨林缠绕在一起，一半真实，一半虚幻。在额济纳绿洲的外围，古城池的残垣断壁、古长城隆起地表的矮墙，扭曲着、浮动着，像是漂泊在波浪起伏的大海之中，那流动的热量是大地不能接纳的部分，还给了天空，由植物和人来消化它。

　　在额济纳，如果没有水，大地上的一切，都会被阳光烧毁。幸亏有一条额济纳河。它从巍峨的祁连山间奔流而下，面对着戈壁荒漠长驱直入，缔造了一片又一片丰润的绿洲。额济纳是这些绿洲中间最具传奇色彩的一处。

　　可以想象，这 19 条支岔，水流纵横，波光粼粼，有多少湿地和海子，拥抱了茂密的森林和田野。难怪在历史的记载中，额济纳三角洲是一块水草丰美、驼羊成群的塞上江南。

有着湖水滋润的胡杨是有福的，而在戈壁中傲然坚守的胡杨更让人敬仰。

［卷二］腾格里沙漠和巴丹吉林沙漠夹缝中的绿色

作为巴丹吉林沙漠边缘的一片绿洲，形成了巴丹吉林沙漠和阿拉善大戈壁之间的狭长通道的补给驿站，很长一段时间，人们沿着"丝绸之路"抵达漠北，额济纳是必经之地。

由一条河流而展开的自然地理和人文景观，在本土文化历史学者李靖的眼里，无疑是一幅波澜壮阔的画卷。陪同我们的李靖先生，是研究额济纳历史的学者，他生在额济纳，长在额济纳，对他来说，额济纳是故土，更是包裹了他生命信息的胎衣。那些发生了很久的事情，就像存活在他的记忆之中。

他说，距今3.5万年前的额济纳是东西新石器文化的连接点。东，代表中原；西，代表西域。远在夏、商、周时期，乌孙在这里牧马；秦朝，大月氏的牛羊漫步于额济纳河畔；西汉初年，匈奴的弯刀在月光下滴着血。这血腥的弥漫，让心高气傲的汉武帝握紧了拳头，元狩二年（公元前121年），这个看起来温文尔雅的君王，终于按捺不住一忍再忍的心情，猛然挥起长刀，直指匈奴。

这是一个血雨腥风的年代，当骠骑将军霍去病的铁骑如秋风扫落叶般入居延收河西，这块土地已是伤痕累累、血迹斑斑了。好在文明的种子迅速发芽，在额济纳河的滋润下，一派春光淹没了战争的残骸。

在这块土地上，一行行脚印踩踏着、重复着，土壤中浸润了人的汗水、血肉和骨头，生土渐渐变为熟土，这是在漫长的岁月中完成的，其中渗透了巨大的痛苦、欢乐、牺牲和幸福，而在历史中，这样的过程，只是寥寥数笔。

在额济纳，遗留在戈壁沙漠中的残垣断壁，总是在人们的游历中若隐若现，从汉代开始，这里所构建的城、障、烽、燧、塞墙等遗址是额济纳文明的骨架，文化视野中，这些遗址的残败与那些欣欣向荣的胡杨林一起，把自然与历史，融合为一种无法抹去的沧桑。

　　在居延文明的框架下，我们叫它居延遗址。居延遗址的主要城址和重要遗存分布额济纳河下游，西至纳林河、东到居延泽宽约 60 千米的范围之内。在这一区域内，目前发现青铜时代遗址 1 处，不同历史时期的城址 13 座，墓葬区 6 处，汉代烽、燧 118 座，西夏至元代的庙宇 10 余处以及大片的屯田区和纵横曲折的河渠遗存等。从这里，我们看出了一条河流的内涵，它滚滚流淌，亿万斯年，其中的闪光点，就是这些孤独寂寞的居延遗址。

岸上的胡杨，水中的胡杨，相映成趣。但大多数时候，胡杨树却是身陷茫茫的戈壁和沙漠，无限荒芜的背景之中，焕发生命的光彩。

［卷二］腾格里沙漠和巴丹吉林沙漠夹缝中的绿色

胡杨
生命轮回在大漠

3. 无边无际的红柳

常常去额济纳，每一次去，都会惊叹那长势迅猛的红柳。这次去，更是惊叹不已，因为那红柳已经是一道植物墙，把道路围裹得严严实实，没有了从前的那种开阔感。

在额济纳三角洲的外围，沙漠灰黄，戈壁苍茫。就在这样一个自然环境极端恶劣的土地上，处处生长的红柳却让人为之一振，那淡绿的枝叶，粉红的微微发紫的花朵，她们簇拥在一起，密密匝匝、随风拂摆、争奇斗艳，把沙漠戈壁的荒凉驱赶得无影无踪。

红柳学名柽柳，为落叶灌木或小乔木，又名观音柳、西河柳。小枝下垂，纤细如丝，婀娜可爱。一年开三次花，花穗长二三寸，其色粉红，形如蓼花，故又名三春柳。属柽柳科植物，种类繁多，形态及分布各异。在额济纳旗 11.46 万平方千米的广袤土地上，红柳灌木林分布面积约 8.4 万

红柳是与胡杨相依为伴的植物，有胡杨的地方，总是能够看见红柳的影子。蓝天白云之下，红柳高举艳丽的花卉，婀娜多姿，自信而浪漫。

公顷，生活在这片土地上的红柳多集中在额济纳东西河沿岸。主要以多枝柽柳、短穗柽柳、长穗柽柳、细穗柽柳及刚毛柽柳等种属为主。

额济纳的红柳生长在盐碱地、沙漠地，如果没有红柳，沙石长驱直入，绿洲和村庄就会被淹没。有了红柳，就像竖起了一道防风固沙的铜墙铁壁，沙石的步伐只能畏缩不前。千百年来，红柳不仅固沙，而且还能汲水，不愧为戈壁沙漠的克星。

红柳花粉红色，夏秋开花，由于生活在恶劣环境中，叶子变得很小，像鳞片一样密生于枝上，每个叶子只有1~3毫米长。红柳的花期很长，从每年的5~9月份不断抽生新的花序，老花谢了，新花又开放了，几个月内，三起三落，绵延不绝。

额济纳气候干燥少雨，水源奇缺，植被稀疏。即使在这样特殊的自然环境下，红柳并没有选择放弃这片热土，她扎根在沙丘下，盘结在盐碱滩，根系深达10余米，被风沙掩埋后枝条可迅速向上生长。她们牢牢团结在一起，紧密攒簇成一团，抗风斗沙，不畏艰险，傲然挺立。

在额济纳，我们发现一座巨大的沙丘上，有一束微小的红柳，牧人告诉我们，那是一棵生长百余年的老红柳，它的躯干伸出1尺，沙子就埋掉9寸，这样循环往复，红柳用自己的身躯挡住了蔓延的风沙，形成了一个巨大的沙丘，而沙丘掩埋着的，正是红柳盘根错节的根系。

一个老牧人说，早些年他们生火取暖的柴火就是红柳。挖开一个上面长了一簇红柳的沙丘，整个沙丘里面全是红柳的根，这些根系都是碗口粗，大一点的要一人才能合抱。往

往一个沙丘里的红柳根就能装一骆驼车的柴火，一年的用度够了。不过，今天的额济纳，红柳已是受保护的沙生植物了，在沙漠，在戈壁，红柳蓬勃而生，遮挡着猛烈的风沙。

注：1 亩 ≈ 666.667 平方米

　　1 寸 ≈ 0.033 米

　　1 尺 ≈ 33.33 厘米

红柳是戈壁沙漠中的骄子，它不畏严寒，在干涸的土地上盛开着一簇簇鲜艳的生命之花。

胡杨 生命轮回在大漠

4. 千年神树

千年神树，是额济纳人对胡杨树的敬畏，其实，这更是对大自然和生命的敬畏。

　　胡杨是额济纳旗的标志。人们不远千里万里来到额济纳，就是为了一堵胡杨的风采，尤其是秋末，集中在额济纳河一带的40万亩胡杨林共同组成金灿灿的世界，如梦如幻，好似人间仙境。

　　胡杨是所有杨树类树种的祖宗，是杨柳科属中活着的化石标本，是唯一能在极其干旱的沙漠上扎下根的杨树类树种。

　　额济纳的胡杨林是现今世界上仅存的三大原始胡杨林之一，树木之古老、原始、集中，景观之绚烂、明媚，堪为奇迹。

　　胡杨树生命力极其旺盛的奥秘，是因为它发达的根部。在严酷的自然环境中，地表水没有了，就顽强掘进，去寻找地下水。就这样，日复一日，年复一年，胡杨的根系不断向地下伸展，有人做过实验，胡杨树的根系最深可以根植于地下50多米。因而，在极端的干旱中，胡杨林有"生而不死三千年"的美誉。

在额济纳40多万亩天然胡杨林中,有一棵被当地人称为"神树"的胡杨,树高达23米,主干直径2.07米,胸围6.5米,要6个人手拉手才能围住。相传,300年前,土尔扈特人来到额济纳绿洲,这里胡杨密集,纵横交错,骆驼和马匹这样大的牲畜无法入内采食,土尔扈特人便分片放火烧林。几年后,当他们游牧又来到这里时,发现许多胡杨树已成为一片灰烬,周边都是茂密的牧草。但唯有一棵胡杨树依然枝繁叶茂,豪无损伤的痕迹。土尔扈特人深信这是神灵在保佑,于是,他们怀着十分崇敬的心情,将这棵胡杨供奉为"神树"。

据当地史料记载,这棵被称之为神树的胡杨已经有900多年的生长史,在它周围30多米的范围内,从无数的根系中,又蘖生出5棵茁壮的胡杨。

走进"神树"所在的那片胡杨林,脑海里不断回闪土尔扈特人东归的身影,这些英雄,走过漫长的道路,终于

每到重大节日,人们总是来到被称之为"神树"的胡杨树下,表达虔诚之心,祈求生活幸福。

找到了回家的路，回到了水草丰美的额济纳。因为胡杨树的生命力，激励了他们生存的斗志。

神树的树干上挂满了哈达，随风飘动的哈达，把胡杨树装点得更加艳丽。

守卫"神树"的牧人说，"神树"老了，它的枝杈都是用木头支着，不然就会浑然倒地。"神树"的主干一部分锈蚀，形成树洞，正好那个树洞像人的耳朵，人们就把它当做"神树"的耳朵。牧人说："到'神树'的耳朵旁许个愿吧，很灵的。"我对着这个黑幽幽的耳朵，内心祈愿亲人安康，并按照当地人的习俗，在"神树"皲裂的表皮插入几张1元面值的人民币。仔细分辨，"神树"树身的裂隙间，全是硬币和纸币。"神树"低垂的枝条上，挂满了各色哈达，远远看去，就像飘满旗帜的航船。

每个拜谒"神树"的人，都要在"神树"前上香鞠躬，我一时性急，竟忘了这一程序，不料，围着"神树"走了一圈后，发现自己的鞋带松开了，我低头系鞋带的一瞬间，似乎明白了什么，这算不算是在向"神树"鞠躬呢？有意无意之间，我似乎完成了这个动作，这是不是天意呢？

胡杨

生命轮回在大漠

5. 黑城遗址

在古代，河西走廊的防卫，一直延伸到了其西北部的居延地区，因为黑河的注入，使居延地区大片的沙漠和戈壁成为丰腴的绿洲，产生了曾经辉煌一时的"居延文明"。所谓"居延"，也就是以居延海为中心的广阔的绿洲，它基本上涵盖了今天内蒙古阿拉善的部分地区和额济纳旗的所有地区。

灿烂的文明总是伴随着战争的阴影。一种文明以强大的辐射力影响到周边，巨大的冲突也随之而起。据史书记载，汉武帝曾发戍甲卒 18 万，在张掖、酒泉至居延一带戍守屯田，因而出现了人口众多、商贾发达的城市。黑城，就是其中最具代表性的一座。

当黑河流经额济纳时，它有了自己的名字——额济纳河。额济纳，在蒙古族语言中是"母亲"的意思。可见，一条河流对于一块土地，就如同母亲的乳汁养育了自己的孩子。另据史料

额济纳河流域的黑城著名的标志是佛塔，在佛塔的光影中，黑城的历史若隐若现。

记载，黑城是北方党项族建立的西夏国的古都，党项语叫"亦集乃"，额济纳是"亦集乃"的变音。黑城位于额济纳河下游，巴丹吉林沙漠的边缘，距离额济纳旗人民政府所在地达兰库布镇东南约 20 千米处。

来到黑城，巨大的沙丘已渐渐堆上了城墙，四周是荒芜的戈壁，沙子是从哪儿来的呢？同行的额济纳本土文化学者李靖告诉我们，每年清理，每年都是沙涌城墙，要是停止清理的话，黑城很可能就会被沙淹没了。李靖从小生活在额济纳，也常常去黑城玩耍，在他的记忆中，黑城保存了很多壁画和彩塑，他就曾经从沙堆里挖出一个色彩艳丽的菩萨。只是那尊菩萨太大，无法搬运，才遗留在城中，不然，它会成为盗窃者的猎物。如今，城内仍有成片的沙丘，不知道李靖所说的彩色菩萨在哪一座沙丘中，让我们充满了好奇。

黑城为长方形，周长约 1 千米。东西两墙中部开设城门，并筑有瓮城，现在城墙仍高耸地表，高达 10 米。城内的街道和墙壁及整齐排列的木头檐柱从流沙中露出。整个黑城中，最明显的标志是佛塔，虽经岁月风霜，但它仍巍然屹立于戈壁大漠。古往今来兴衰事，视野一片废墟中，思古之幽情，油然而生。

如今，黑城早已废弃。在黑城外围有一片南北长约 40 千米、东西宽约 25 千米的区域，有大片的古屯田区和田舍。这些屯田区和田舍是什么时候、什么原因荒废的，我们没有确凿的证据。沧海桑田，只能望而生叹。但我们可以想象，在某个年代，矗立于居延绿洲之中，成为居延文明的亮点，商旅在城郭中穿梭，市声斐然，繁华异常。突然间异族入侵，战争降临，城毁人亡。1963 年，内蒙古文物工作队曾经从黑城一带的沙窝中清理发掘出一座庙宇，发现了一些色彩斑斓、姿态优美的元代佛像。这足以证明那个时代黑城的富庶。

关于发生在黑城的战争，历史上有过只言片语的记载，但民间传说更加生动，更加形象，更有其艺术的魅力。

传说，黑城由一位黑将军驻守。敌军攻城时，先把自额济纳河经黑城的支流堵塞，切断了水源。黑将军率众死战，直至储水耗尽，乃下令将城中所有金银珠宝秘藏在一口枯井中，最后战死。城陷，敌军屠城，黑城从此成为荒凉的废墟。还有的蒙古族牧民说，黑将军没有战死，他带领众将士突围出城，最后在城北面的大沙滩上化作了一大片枯死的胡杨。现在这片枯死的胡杨林人们叫怪树林，那些胡杨的主干被风力所扭曲，绝似一幅

1927 年中国学术团体协会与瑞典探险家斯文·赫定联合组成的西北科学考察团。斯文·赫定时任考察团团长，考察团从北京出发，经包头、百灵庙至额济纳河流域，贝格曼在额济纳河流域调查居延烽燧遗址时采集了约 1 万支汉代简牍，这就是著名的"居延汉简"。1908~1909 年，俄国人科兹洛夫受俄国皇家学会的派遣先后两次深入额济纳旗的沙漠腹地，进入黑水城搜索挖掘，发现盗走了一大批保存完好的历史文物。

活生生的惨烈的战场。难怪老百姓有这样的传说。

也是因为这样的传说，黑城又一次遭受劫难。1929 年，苏联地理学家科兹洛夫第三次来到黑城，寻找黑将军埋藏在城内的珍宝。他雇用当地牧民挖掘了 2 个月，挖到一定深度，便解雇了牧民，由他的队员挖掘。2 名队员跳入坑里后，鼻子流血，昏迷不醒，其中 1 名死亡。挖掘被迫停止，洞穴被重新填埋。

当地的老百姓说，有宝便有蛇，蛇是珠宝的看护神。科兹洛夫也散布说："洞内有两条大蛇守护，凡人不得入内。"现在，掘宝遗址仍清晰可辨。黑城闻名于世就是因为探宝而发现意外的文物引起的。近代，外国人来黑城探宝的除科兹洛夫外，还有英国的斯坦因等。他们为寻黑将军的宝藏，到处乱挖，始终没有找到那口枯井，却挖出了大量的西夏和元代文书以及其他文物。科兹洛夫在一座藏式佛塔里发现了刻本、抄本书籍 2000 种以上，并发现 300 张佛画和大量木制的、青铜镀金的小佛像。另外，他还在一座公主墓中发现了画在丝绸、麻布和纸上的佛教绘画 25 幅，至今保存在列宁格勒博物馆。挖掘出的书籍中有著名的西夏汉文字典《番汉合时掌中珠》，后来人们据此解读了西夏文。有关黑城的考古资料和研究报告发表后，黑城便引起世界范围内的关注，加之额济纳河流域的胡杨景色，这里又成为旅游者向往的神秘之地。

城墙西北角顶部的 5 座佛塔，是黑城的标志性建筑，李靖说，这 5 座佛塔是 20 世纪 80 年代修建的，原来的佛塔全部被毁，说起来，这也是黑城的一段伤心史。

永远的黑城，只有那些残垣断壁，在西风中凋敝，像是述说的语言。走进它，人们记住了曾经有过的辉煌，也记住了曾经悲伤的历史。

6. 大同城

在额济纳，我的脚步一直跟随着李靖的脚步往前走，李靖说，这个地方要去一下，我就跟着去；李靖说，那个地方必须去一下，我就跟着去。走着走着，就累了。李靖似乎不累，他一个劲地说着额济纳的掌故。说着说着，有一句诗"蹦"出来，"大漠孤烟直，长河落日圆"。他说王维的名句就是出产于额济纳的。

大同城是个繁华的大城。在李靖的眼里，这里就是边疆的紫禁城。人流穿梭，车水马龙，熙熙攘攘，酒肆、店铺的幌子在微风中飘拂，像是大海中的波浪翻卷着，很是壮观。在这座城中，如果你是一个诗人，你绝对是李白、王维。

此城建于唐朝中期，前身是北周宇文邕的大同城旧址，也是隋唐大同城镇和安北都护尉的治所所在地。唐朝天宝二年(734 年) 在此设置"宁寇军"，以统辖该地军务。

大同城坐西向东，有内外两道城墙。外城墙长 208 米、宽 173 米，但都是断断续续的残垣断壁。西城墙有门，不太明显。东城墙门高 9 米，门外有瓮城。城内有一座方形郭，墙长、宽各 86 米，郭门朝南。郭内有一座砖瓦房舍的残迹，外城东南也有一片不太明显的房舍遗址。从规模和形制上看，大同城和现在声名显赫的"玉门关"差不多，在当时几乎和玉门关齐名，都是塞外重要的军事关卡。在当时，如果说西行到西域去，要经过玉门关；那么出大同城就进入了唐朝北部的突厥部落。

在大同城渐渐失去军事防御作用的时候，当地人常驻此地套马练骑，所以大同城也叫"马圈"。更晚的时代，

胡杨　生命轮回在大漠

人们利用废弃的城墙作为羊圈马圈，此城在民间又叫"羊马城"。

大同城的建立，正值唐代中期。这个时期，安史之乱爆发，唐朝倾全力对付，西部疆域被吐蕃夺取。广德元年（763年）叛乱平息时，今陇山、六盘山和黄河以西以及四川盆地以西已为吐蕃所有。开始时河西走廊有些政区还是由唐朝的地方官据守着，不久就完全陷于吐蕃。大中二年（848年），沙州（治所在今甘肃敦煌市西南）人张议潮驱逐吐蕃守将，收复了沙州，之后又收复了瓜州（治所在今甘肃瓜州县东南）、肃州（治所在今甘肃酒泉市）和甘州（治所在今甘肃张掖市）。到大中五年，张议潮率领沙、瓜、伊、西、甘、肃、兰、鄯、河、岷、廓11州归入唐朝。在这以前的大中三年，唐朝已经收复了秦、原、安乐3州。这样，唐朝的西部疆域恢复到了今新疆吐鲁番地区，河西走廊和陇东、关中又连成了一片。

外忧内患纷扰，使唐代的国力削弱殆尽，这一点从大同城的建设就能看出来，它基本上是用当地的一些沙石和杂草匆匆堆积而成，城墙的质量

风沙吹过，大同城如同经历过一场浩劫，如今荒凉的古城，只有断断续续的城墙，在诉说着昔日的辉煌。

不堪一击，因此，大同城虽然比额济纳地区的许多汉代建筑晚了1000年，但是它的地面建筑却所剩无几。额济纳地处戈壁沙漠地带，这种地理景观的特点是沙石漫满，因而很多建筑都是就地取材。在汉代的时候，建关筑城、施工都非常的精细，所用的土都是经过筛选的胶质黄土。而大同城这个墙体几乎是不加选择，直接撮土而掬。因此，结构松散，经不起风沙和时间的考验。

当我们随着李靖的脚步抵达这里的时候，满目的荒凉却让我们如入冰窖。虽然天气酷热，但我们的心里还是凉透了。在戈壁滩上，残垣断壁诉说着往日的辉煌。一座水泥碑上，写着"大同城"几个字，若不是这几个字的提醒，我们根本无法相信这就是赫赫有名的大同城。只有一处高于地表1米多的城墙残骸，压在城墙中的杂草，用手轻轻一拉，还能拔得出来。

顺着李靖所指的方向，我们看到了一条古河道，它环绕着大同城，此刻，正是夕阳西下，即使面对一条干枯的河床，我们也能吟诵出"大漠孤烟直，长河落日圆"的句子，看来，李靖的说法是有道理的。

我们在大同城的城基上矗立良久，目送沉没的落日，在四合的黑暗中聆听昔日的喧嚣。

胡杨
生命轮回在大漠

7. 甲渠塞

　　李靖说，必须要看一看甲渠塞，就是那么一个名不见经传的地方，出土了大量的汉简，这些汉简，揭开了历史神秘的面纱。

　　李靖把手指向远处苍茫的戈壁，突然定格于一点，在我们还没有看清楚的时候，李靖说，那个土丘，就是甲渠塞。

　　当地人称甲渠侯官遗址为破城子。在额济纳旗南24千米，纳林、伊肯河之间的戈壁滩上。为汉代居延都尉西部防线甲渠塞之长——甲渠候驻所。发掘前，遗址大部分为砂砾淹没。往西300米，南北排列"一"字形烽燧和双重塞墙遗迹。1930年，西北科学考察团掘获汉简5000余枚。1974年甘肃居延考古队进行了发掘。障塞为一土坯方堡，基方23.3平方米，厚4~4.5米，残高4.6米，结构由三层土坯夹一层芨芨草筑成，草层间距45厘米。门在东南角，障内堆积近顶，两侧有台阶马道可登城头。居延地区军事防御体系的修建，应该是分阶段进行的。从汉武帝太初三年(公元前102年)起，开始修筑大量的烽燧。汉昭帝始元元年(公元前86年)至汉宣帝末年黄龙元年(公元前49年)的这37年里，居延地区的屯戍活动开始兴盛。据汉简记载，有时"用徙积四万四千"，可见当时的工程浩繁。

　　我们站在甲渠塞遗址，风沙抹平了一切，遗迹所呈现的，与戈壁的苍老一模一样，如果不是李靖神情激动的讲述，即使我们走过这儿，也只能把它当做额济纳戈壁的一部分。

胡杨　生命轮回在大漠

这里从前的大气象，早已被时光消磨殆尽，没有丝毫的迹象。

我们只有从李靖的侃侃而谈中，把历史记忆里的甲渠塞复原成型。

甲渠塞得名于两汉时期，因戍边屯田者在这里开挖了若干条渠道，从事农田灌溉，推测这座塞鄣是建筑在第一条渠道附近，便起名为甲渠塞。现在的人们因这座古城十分破旧，也就叫它破城子。甲渠塞是汉代居延地区军事防御体系中的一个重要塞鄣。在居延地区的军事防御体系中，共设置了2个都尉府和7个侯官塞。它们由西南向东北依次排列有肩水塞、橐他塞、广地塞、卅井塞、甲渠塞、居延塞和殄北塞。甲渠塞就是居延都尉府西部防线甲渠塞之长——甲渠侯官的治所。

甲渠侯官治所是一座构筑坚固的军事防御性城堡，城堡由鄣和坞院两部分组成。

据史料记载，甲渠侯官治所的焚毁，大约是在西汉王莽末期地皇四年（23年），后来改建成供瞭望和燃烽的处所，到西晋末年便完全废弃了。

空空荡荡的破城子，一抹残雪，一截残垣断壁，搁浅了久远的时光，在那些刀光剑影的岁月里，一座城池的喧哗，如今早已沉寂了；一座城池的辉煌，也随之衰落。

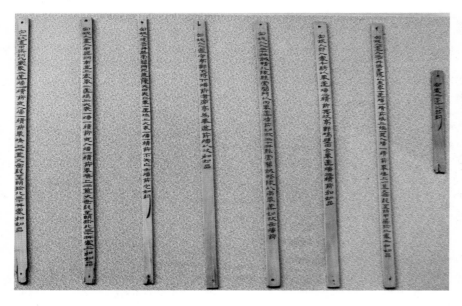

居延汉简的大量出土在中国文字史上有着划时代的意义，在居延汉简出土的几十年的时间里，对居延汉简文字的研究也不断向纵深发展。

人们把殷墟、甲骨文、敦煌遗书和居延汉简并称为20世纪东方文明的四大发现，尤其是甲渠塞发掘的居延汉简《塞上烽火品约》《相利善剑刀》《甲渠侯请罪》和建武初年弹劾违法士吏的《劾状》等完整的简册，让我们窥视了时间隐藏的刻度。

汉简《塞上蓬火品约》中记载，一般的烽燧里驻有戍卒约十几个人，由一个烽燧长统领，而侯官是烽燧的上级单位，也是更大一级的军事建制，但是这种更大的军事建制已经不仅仅是起到烽燧的预警作用了，这里的士兵还要承担起军事防御任务。

站在古城遗址上，四顾荒原，一碧蓝天，豪迈之情油然而生。残圜与孤丘起伏，古城与夕阳同辉。试想当年的那些戍边将士，在这里极目远眺，弹剑而歌，豪放中透露出无限的悲凉。这也许就是我们凭吊甲渠塞的心情吧！

8. 策克口岸

　　想去策克口岸去看看，是此行额济纳的目标之一。

　　策克口岸距额济纳旗达来呼布镇 61 千米，额济纳的朋友说，路不好走，早晨出门，下午才能回来，在这样炎热的天气，去策克口岸太受罪了。不过，我们还是去了。

　　汽车走出额济纳绿洲，就是茫茫的大戈壁了。司机说，戈壁的尽头就是策克，其实策克就是戈壁。到了策克，除了零星的建筑外，少有树木和绿色，这样的地方，却吸引了天南海北的客商。

策克口岸不像人们想象的那样到处都是物质文化交流的场景，更多的是边境线的庄严和肃穆。

策克距蒙古国南戈壁省西柏库仕口岸35千米。2004年，策克口岸升级为双边性常年开放口岸，成为我国西北地区连通蒙古国的重要交通枢纽、商贸中心、货物集散地和资源大通道，是继满洲里、二连浩特之后的内蒙古自治区第三大陆路口岸。

我们先去参观策克口岸的界碑，在边防检查站，我们等待进入的命令，很长时间了都没有动静，守卫国门的士兵说，他们没有接到上级的通知，口岸的管理是很严格的，一般情况下是不允许游人参观的。我们只好耐心等待，一边等待一边观察四周的景色。在我的印象中，这里与其说是一个边防口岸，不如说是贸易中转站，到处都是装载50吨以上的大货车，一辆接一辆，穿梭于边防检查站内外，这里的公路被大货车压得坑坑洼洼，空气中尘土飞扬。

从嘉峪关到策克口岸，有一条煤运铁路专线，我们从达来呼布镇出发，走出绿洲，走向大戈壁，这条铁路线就出现在了我们眼前，看见这条铁路线，内心里还是有些激动，毕竟我们是嘉峪关人，毕竟从这条铁路线，就可以回到故乡。

中蒙边界572号界桩旁，无数的重型运载卡车正在等待运煤。

胡杨
生命轮回在大漠

中国
572

但遗憾的是，一个早晨和一个下午都没有出现一列火车，这里的煤几乎都是大货车在运输，到处弥漫着煤屑，地面上也是黑黑的一层煤灰。

好不容易经过边防检查站这一关，却到了中午，边防检查站的军人和海关的工作人员都在食堂吃饭，没有人给我们做讲解，我们只好在朋友的带领下，饿着肚子向界碑方向走去。在界碑的中国方向，有几辆很奇怪的吉普车和面包车，朋友说，车上的人都是蒙古国人，吉普车和面包车都是前苏联的产品，别看样式笨拙，但经久耐用，尤其跑起戈壁上的砂石路，更是得心应手。

那些人的长相跟额济纳人没有什么分别，我们向他们打招呼，他们一个劲地摇头。我们问这车的品牌，他们也是摇头，看来，真是语言不通。那些人吃着方便面和饼子，我仔细看了看，方便面的牌子是康师傅，而饼子，很像我们吃的清真饼。

在界碑的另一侧，就是蒙古国了，从边防检查站有电线和管道通向那里，朋友说，蒙古国的边防哨所没有水和电，都是我们支援的。我们从界碑望过去，远处有几栋楼房，很是富丽堂皇，听朋友说，那也是我们援建的。除此之外，界碑内外最多的就是大货车，一辆接着一辆，没有尽头。乍一看，挺壮观的。

出了边防检查站，街道上的边贸商店是值得一去的地方，法国香水，俄罗斯的烈酒伏特加，俄罗斯、外蒙古的奶制品、糖果，国外的名牌皮具，剃须刀等，物品琳琅满目，价格都在百八十元，不知是真是假，店老板信誓旦旦地说，这些都是正宗货，便宜是因为它们这儿是口岸，不交税。

离开策克，继续走向天高地远的戈壁，回头望去，天边上的策克，笼罩在一片大货车腾起的煤屑和灰尘之中。

胡杨　生命轮回在大漠

9. 居延文明：历史的记忆

残雪、残墙，岁月的冷峻和历史的无情，是那样的相似。

古代额济纳地区原始社会就有人类活动，夏、商、周时隶属乌孙；先秦时为大月氏领地，称"流沙"或"弱水流沙"；西汉初为匈奴牧地；到汉武帝时，"居延"这一地名，方见于史籍之中。居延是汉代西北塞防的重要枢纽，有最典型、最周密的要塞城障，防务系统。在唐代诗歌中，"居延"一词，几乎是边防的代名词，像"居延城外猎天骄，白草连天野火烧"等，使居延的名声如日中天。

居延归汉使这一地区在汉文明的曙光照耀下，熠熠生辉。汉武帝元狩二年（公元前 121 年），霍去病入居延收复河西。太初元年（公元前 104 年），汉武帝发戍甲卒 18 万，在"张掖北置居延、休屠两都尉，以卫酒泉"，保障中原通往西域道路畅通。太初三年（公元前 102 年），筑遮虏鄣于居延城，汉宣帝地节四（公元前 66 年），改置为张掖郡居延属国。王莽篡汉后，张掖郡改称设屏郡，同时改所领县名，故居延改居城。窦融入主河西后，又将居城恢复原名居延。汉安帝时期（107~125 年），居延属国升格为郡一级行政机构，不再由张掖郡辖属。汉献帝建安末年（220 年），改立为西海郡。古弱水两岸和居延海周围的自然景观与今天的额济纳河西河下游和嘎顺淖尔周围相似，天然植被由三层构成，上层为胡杨、梭梭林，中层为红柳，下层为冰草、苦豆子。居延汉简曾记载，由于河岸的树林过于茂密，烽火台之间观察不到信号，以致一个士兵在递送情报的路上，被匈奴伏兵俘虏。汉代不仅在弱水两岸建立了边防设施，在东岸进行军垦，而且设置了地方政权——居延县，移民屯田。西汉以后，历代在居延都设有郡县或军府，进行屯垦或驻守军队。东汉献帝兴平二年（195 年）置西海郡，下属居延县。户口达到 2500 个。历经魏、晋、十六国、唐、元诸代，这里都是边镇。著名的黑城即西夏在汉代城郭遗址上所建，后成为元代亦集乃路（额济纳变音）总管府驻所。我们在这里考察时，发现了元代文书，捡到了大量汉、唐、宋、元钱币和瓷片，看到了灌溉渠、水井和其他居民生活遗迹。

唐代曾设安北都护府和"宁寇军"统领居延地区军政事务。"安史之乱"期间，河西走廊被吐蕃切断，居延地区成为长安通往西域的必经之地。大历元年（766 年），居延地区先后被吐蕃、回鹘、契丹所占据。

宋真宗景德年间（1004~1007 年），居延地区被西夏占有，进入了又一个繁荣时期。西夏在这里设置了黑山威福军司和黑水镇燕军司等机构。

公元 1205 年始，成吉思汗 4 次出兵，途经居延地区以击河西。1226 年，元军破黑山威福军司和黑水镇燕军司，居延地区归附元军。

1271 年，元世祖忽必烈统一全境。至元二十三年（1286年），设立"亦集乃路总管府"，统领居延地区的军政事务，属甘肃行中书省所。由于元代疆域空前扩大，居延地区便成为中原通往西域和漠北的交通枢纽，其政治、经济、文化得到很大发展。

明洪武五年（1372 年），征虏将军冯胜率军攻克亦集乃路，居延地区成为甘州卫的边外地。汉朝以来，在居延地区修筑的军政设施及其屯垦设施被彻底废弃了。

清康熙三十七年（1698 年），游牧于伏尔加河流域的蒙古族土尔扈特部首领阿玉奇汗之侄阿拉布珠尔与其母率 500 余人到西藏礼佛，随后阿拉布珠尔遣使入京请求内附。准奏，赐牧地于敦煌附近的党河、色尔腾。其子丹忠继位后，因惧准噶尔部骚扰，于雍正九年（1731 年）呈请内徙，经陕甘总督查郎阿同意，迁徙至阿拉腾特布西、阿拉克乌拉等处（今阿拉善旗附近）游牧，后定牧于额济纳河流域。

乾隆十八年（1753 年），清政府正式设置了"额济纳旧土尔扈特特别旗"建制。因其不在外五十七旗和内四十九旗之列，也不隶属于新疆乌恩苏吉格图盟，故授扎萨克印，称"特别旗"，直属清理蕃院管辖，由陕甘总督节制。

民国初年，额济纳旗称"特别旗"，直隶国民政府蒙藏委员会，初为甘肃省议会管辖。1928 年 11 月，宁夏省建制设置，额济纳特别旗归宁夏省管辖。

1927 年秋天，中国西北科学考察团抵达额济纳，这时的额济纳处在蒙古旧土尔扈特部落的世袭王爷的治理之下，因患眼疾双目失明的王爷完全由儿子操纵，整个王爷的辖区只有九十几户子民，还不如一个百户长有权威。这里有固守旧俗的土尔扈特部落，有乐不思蜀的外蒙古避难王公，有因迷恋红尘被开除教籍的西藏喇嘛；没有溃兵，没有横征暴敛，没有战乱，在那个年代，这里已经是世外桃源了。在额济纳，中国西北科学考察团沿胡杨林建立了中国西北第一个气象观测站，这个气象观测站一直坚持了8年之久，他们对额济纳河流域所做的当时条件下最精确的测量，成为直到20世纪70年代欧美地理学界在联合编绘中亚地图时，除美国资源卫星的资料，所能依据的勘测资料了。

　　额济纳，一个充满传奇的地方，一个历史悠久的地方，一个遍布胡杨林的地方。有人曾形容，现在的土尔扈特牧场与其整个生活空间，都是建立在历史遗迹之上的。

既是一座完整的古城，也缺乏对历史的指认。在额济纳，一座座古城，像一个个巨人，苍凉而寂寞，破败而孤独。

10. 腾格里、巴丹吉林沙漠夹缝中矗立的胡杨树以及胡杨树阴下的文明

  曾经被风沙打磨得闪耀于历史长空的陶片，又要被风沙掩隐它夺目的光芒，这不堪回顾的厄运，轮到了居延。穿越黑褐色的戈壁，寻找的目光只能遗落于金色的沙丘之间。这时候，戈壁和沙漠，一次次呼唤着生命的讯息和感悟者的良知。尽管它们沉默无语，但对于死亡的反抗，却是义无反顾的。只要有一点点水，就有一丛丛芨芨、红柳和梭梭。而自然的赐予对于这片土地，却是过分的吝啬，我们只看见了不断重复的沙漠、戈壁。就这样，我们与一种心情相遇，找见了居延。想象的步伐迈得太快，现实永远地遗留在来路上了，只有用痛惜弥补历史的空白。典籍中著名的弱水不见了，昔日声名赫赫的居延海干涸了、缩小了，布满黑砾石滩的海底，白花花的盐碱，水生物的遗骸，如同历史的眼泪；沙旱的湖床边，繁茂的胡杨成片成片枯死……

  受难的胡杨，尽管有"生而不死一千年，死而不倒一千年，倒而不朽一千年"的美誉，但对于无情的沙漠的侵蚀，却显得如此空洞，干旱的降临，导致了美的丧失。敢问，汉代统治者为防御匈奴南下掠夺而设置的重要军事据点，河流纵横，阡陌无涯，牛羊成群，鸟语花香……这些难道是史籍中的海市蜃楼吗？

  这里有一组揪人心肺的记载："古居延绿洲牧草从本世纪 60 年代的 130 多种减少为现在的十几种，天然草场灌溉面积由 150 万亩减少到不足 30 万亩，沿河两岸的林木平均每年以 2.6 万的速度递减，绿洲平均降雨量从 40.7

毫米降至 37 毫米，年大于 8 级以上大风次数由 30 次增至 46 次，扬沙天数由 52 天增加到 60 多天，沿河千余眼人畜饮水筒井，在河流断水期，有 75% 干涸……"这是历史的缩影。

古居延的危急在警告，超负载地开发，一条河流的改道，在西部就等于灭绝性的屠戮，昨日的尼雅、楼兰，也会成为今日的居延。我们在一片青绿的胡杨林中散步，高大挺拔的胡杨，烈日下仍然坚持着巨大的伞盖，使树棵间保持着沁人的凉意，而胡杨林的外围，倒伏的树干随处可见，被阳光剥蚀得白得耀眼的木质，仿佛陈死者的朽骨，断裂的枝条也是如此，铺筑着通往林间的道路。

我深深地记住了这一形象，就像在历史的残迹上陈放着的一块陶片，破碎中写着时间，闪亮中有着永恒，而居延，我们只能凭吊，踩着枯烂的枝条，欲哭无泪，欲唱无词。我们只能一遍遍翻看饱满沧桑的汉简，在铭记昨天的同时，写上今天的寓言，写下一块陶片醒世的眼睛、渴望的眼睛。

在巴丹吉林沙漠深处，海子、树木、骆驼……像是一处世外桃源，完全没有"死亡之海"的悲伤和怅惘。

胡杨
生命轮回在大漠

胡杨　生命轮回在大漠

11. 居延海

　　一直在戈壁上走着，不相信会突然出现一片浩瀚的水域。但走着走着，这片水域就出现了。先是碧绿的芦苇，接着是碧波连天的水，这水，就是居延海。其实，在额济纳这块土地上，居延是个神话般的存在。

　　历史上的居延海，由东、西、北3个湖泊组成。人们早年所说的居延海主要是指西居延海嘎顺诺尔，现在所说的居延海一般指东居延海即苏泊淖尔，距离额济纳旗达来呼布镇东北约40千米，地处巴丹吉林沙漠北缘，为古弱水的归宿地。

　　追溯居延海的发源，离不开祁连山的哺育。每当春季，暖风吹化祁连山上的冰雪，汇成奔腾的河流，冲进阿拉善沙漠；雨季到来后，补充水量的雨水进入河流。河水宛如一条晶莹的飘带延伸到额济纳旗北端，飘带尽头系着两颗洁白的"绣球"——嘎顺诺尔和苏泊淖尔，也就是史料记载的

居延海是戈壁和沙漠的诗行，在每个早晨和黄昏，无限的霞光铺陈于水面，如同春天的花海。

弱水流沙"居延泽"——居延海。

我们站在湖边，强烈的风带着湖中浓烈的碱腥味扑面而来，想着这就是大名鼎鼎的居延海，心中不免惆怅万千。

说起居延，现在很多人对它都非常陌生，但居延自汉代以来，直到清朝，都是一个极为有名的地方。它不仅仅是一个地区的代表，而且是一种文化的代表，居延地区承载着中华民族色彩极为艳丽和浓重的文化。

李白《胡无人》诗云："严风吹霜海草凋，筋干精坚胡马骄。汉家战士三十万，将军兼领霍嫖姚。流星白羽腰间插，剑花秋莲光出匣。天兵照雪下玉关，虏箭如沙射金甲。云龙风虎尽交回，太白入月敌可摧。敌可摧，旄头灭，履胡之肠涉胡血。悬胡青天上，埋胡紫塞傍。胡无人，汉道昌。"

这首诗，把我们带到了那个烽火连天的年代。元狩二年（公元前121年）春，汉武帝任命霍去病为骠骑将军，率骑兵1万出陇西，进击匈奴右贤王部。他6天连破匈奴5个王国，接着越过焉支山1000多里，与匈奴鏖战于皋兰山下，歼敌近9000人，杀匈奴卢候王和折兰王，俘虏浑邪王子及相国、都尉多人。同年夏，霍去病再率精骑数万出北地郡，越过居延海，在祁连山麓与匈奴激战，歼敌3万余人，俘虏匈奴王5人及王母、单于阏氏、王子、相国、将军等120多人，降服匈奴浑邪王及部众4万人，全部占领河西走廊。

那时候的居延海，会是一种什么样的情景，它的万顷碧波缔造了怎样的春光秋色，我们不得而知。

此时此刻，面对无边无际的大湖，我们只有一个冲动，那就是荡舟其间，像一只野鸭子，尽情畅游。好在居延海

注：1里＝500米

的游艇正待起航，使我们有了与居延海零距离接触的机遇。游艇冲出芦苇荡，驶向广阔的居延海，游艇上的工作人员说，现在是枯水季，水深约三四米，但湖中的水草茂密，游艇只能按照清理好的航道前行。果然，我看见远处的湖面上绿油油的，布满了大片的水草，手伸进水里，一捞就是一大把。

湖面上的野鸭子三五成群，发现游艇经过身边，就突然潜入水中。远处，也有飞翔的天鹅，使巨大的水域，鲜活了起来。

在我们看来，这确实是一汪宝贵的水域，四周巨大的戈壁包围着，滚滚的热浪掠过水面，带走潮湿的水汽，如果没有及时补充的水源，居延海的再次干枯是没有悬念的。

夏天的居延海，到处都是郁郁葱葱的芦苇，有着江南的妩媚和秀丽。

[卷二] 腾格里沙漠和巴丹吉林沙漠夹缝中的绿色

12. 居延文明的复活

　　到了 20 世纪初，额济纳已经彻底沉寂了，但那漫漫黄沙中掩埋的西夏文书和居延汉简，一件件得以面世，轰动了中国和世界。应该说，这是居延文明的复活，但这种复活的方式，却是国人心灵深处的伤疤。

　　在那个黑暗的年代，西方的探险家们在中国西部广袤的土地上寻找和挖掘，无论是道听途说还是寻到的蛛丝马迹，他们都没有放过。他们惊喜和贪婪的目光聚焦在沉寂的西部，于是，那些古遗址、古石窟、古城堡，成为他们肆意挖掘的对象，无数精美的、价值连城的文物，被他们收入囊中，额济纳也没有能够幸免。俄国的科兹洛夫、英国的斯坦因、美国的华尔纳、瑞典的斯文·赫定、沃·贝格曼纷至沓来，将黑城和居延的文物遗存盗挖殆尽，仅俄国科兹洛夫盗挖的古文物，就足够一个古代图书馆的藏量。他们盗走的西夏文物壁画、手稿、塑像、铸像和其他珍宝总数以吨计，分散在世界上 13 个国家的博物馆和文化机构里。

　　居延文化和西夏文化这两大文化体系独特的历史背景和边塞背景是额济纳人文地理的全部，这是许多探险家选择额济纳的最初动机。

　　说起这些盗窃者的行径，李靖痛恨无比并历数其恶行。我发现，这一段历史，李靖讲得最沉痛、最无奈。跟随李靖的讲述，我们似乎回到了那个大肆挖掘的年代。

　　最早来到额济纳河谷的是俄国探险家波塔宁，那是 1886 年，他开始了中国西部的"弱水之行"。这次探险，他虽然

胡杨
生命轮回在大漠

无功而返，但他确认了黑城遗址的存在和出土遗物的情况。由于当地的土尔扈特人拒绝告知黑城的确切位置和提供任何寻访方便，无奈之下，波塔宁只好返回俄国。随后，他写了《中国的唐古特——西藏边区与中央蒙古》一书，首次将黑城秘境公布于世。

因为波塔宁的著作问世，引起了同是俄国人的科兹洛夫对黑城的兴趣。1899 年，他来到了向往已久的额济纳河谷地，多方打听黑城的消息，如同波塔宁首次来一样，当地的土尔扈特人否认有任何古城的存在，科兹洛夫只能带着深深的失望去了西藏和新疆。随后的年月里，已在中国各地所获甚多的科兹洛夫对黑城仍没有死心。在买通了当地的蒙古王公之

居延汉简的大量出土在中国文字史上有着划时代的意义，在居延汉简出土的几十年的时间里，对居延汉简文字的研究也不断向纵深发展。

西夏写本《佛顶放无垢光明入普门观察一切如来心陀罗经卷》出土于额济纳旗绿城子，今人已对西夏佛教史获得全新认识。

后，1908~1909 年，科兹洛夫又先后两次来到黑城，进行搜索挖掘，发现了一大批保存完好的历史遗物。他从黑城盗掘的文献有举世闻名的西夏文刊本和写本，达 8000 余种，还有大量的汉文、藏文、回鹘文、蒙古文、波斯文等书籍和经卷以及陶器、铁器、织品、雕塑品和绘画等珍贵文物。他带回国的、来源于黑城的收藏品，有 3500 多件藏于冬宫博物馆，8000 多件藏于俄国科学院东方研究所。科兹洛夫的第一次发掘，主要集中于黑城中部，第二次则将精力放在了古城的西部。1909 年 6 月，位于西城墙不远处的佛塔被科兹洛夫掘开，完好无缺的数千种各类刻本、抄本，数量达 24000 卷之巨的古代藏书，300 余幅绘画精品以及其他大批精美绝伦的珍贵文物使得俄国人成了上帝青睐的宠儿。原来，西夏国都兴庆府被蒙古大军攻破之后，黑城尚未失守，其间西夏国一些重要历史文献被转移到黑城并埋藏。到今天为止，有关西夏地下文物资料的发现，论数量、价值和规模，首推黑城的文物发掘。其中一本西夏文和汉文对照的辞书《番汉合时

《掌中珠》更是尤为珍贵。这是一本双解字典，一方面用西夏字给汉字注音，并译其字意，另一方面又用汉字给西夏字注音，可以说是研究西夏文的唯一工具书，现代学者据此书才揭开了西夏文字的秘密。

1914 年，斯坦因率领中亚探险队抵达额济纳，在已是城门洞开的古遗址内外进行了为期 8 天的挖掘，发现230 册珍贵汉文古籍和西夏文书。作为一名考古学家，斯坦因在黑城的挖掘过程中严格遵循考古程序，详细记录了出土文献的地点和出土文献种类，后人经过分析研究就可以得知该地在西夏时期或为官署，或为寺庙，或为民居，这使得英藏居延文物的史料价值远远高于俄藏居延文物的史料价值。

一波又一波探险家的涌入，额济纳河流域似乎喧嚣了起来，那远古的文明之光焰，随着一件件出土文物大放异彩，引得世人赞叹、惊讶，或许这是居延文明的复活，毕竟，人类又一次看到了居延地区的辉煌往事。

居延汉简的考古发现，为汉代历史的研究，尤其是对于我们了解汉匈关系和汉代的西北边境情况，提供了十分珍贵的资料。图为西夏《百衲本番汉合时掌中珠》。

13. 壮观的额济纳胡杨

　　额济纳绿洲位于世界第四大沙漠——巴丹吉林沙漠的腹地，是中国西北地区极干旱荒漠区面积最大的绿洲。

　　绿洲内生长着500多万亩的天然次生林。其中胡杨遍布，是世界上现仅存的三大原始胡杨林区之一，有着"胡杨故乡"的美誉。其景致壮观的程度令人震撼。

　　每年7~8月份胡杨果实成熟后，蒴果3裂，吐出团团白絮，起风时，絮片随风飘散，到处扬播着种子。淡淡的清香，令人陶醉。据说，它们一旦降落在湿润的泥土上，只要几十个小时，便能生根发芽，长出幼苗。更为神奇的是，在同一棵胡杨树冠的上下层次，可长出3种形状的叶子即枫叶、杨叶和柳叶，所以又称为"三叶树"。幼年的胡杨，叶片狭长而细小，生长于细长柔顺的枝条上，宛若少女妩媚的柳眉，人们常常把它们误认为柳树；壮龄的胡杨，叶片又变成卵形、

额济纳的胡杨林应该说是全世界现存胡杨林中，数量最集中、景观最美丽、树形最高大的胡杨林，堪称胡杨林的巅峰之景。

[卷二] 腾格里沙漠和巴丹吉林沙漠夹缝中的绿色

阔卵形或三角形；进入老年期的胡杨，叶片才定型为椭圆形。

胡杨树是极其珍贵的乔木树种，树干雄壮挺拔，可高达 20 多米，寿命为 150 年左右。它们具有很强的生命力，耐干旱，耐盐碱，抗风沙，能在夏季酷热、冬季严寒、年降水量只有十几毫米的恶劣自然条件下生长，是干旱荒漠中土生土长的优良树种，被人们誉为"沙漠中的勇士"。

与所有的沙生植物一样，它不仅有发达的根系、厚厚的树皮，体内还贮存着大量水分。生长环境越干旱，体内贮存的水分也越多。如果用锯子将树干锯断，就会从伐根处喷射出一股股黄水，宛如涌泉。

胡杨林的存在，对阻挡流沙移动和改变气候有很大的作用。胡杨木还是优质的建筑材料。其木质坚硬，荷重可超过天山云杉。因此，才成为制作意大利小提琴的重要原料。

千百年来，这些自生自灭的原始胡杨林为人们提供着各种各样的财富。它的嫩叶、树叶营养丰富，含有大量的钙和钠盐，是牛羊爱食的饲料。所以沙漠中的胡杨林，又是人们发展畜牧业的天然牧场。

在黑河下游的额济纳绿洲，河水流经的广袤地域造就了汪洋一片的胡杨林。林中大块的空地上分布着零散的沙丘，所有的沙丘上都嫣红着红柳花。从干枯的河道可以看

出这里曾经有过 8 条宽阔的水域。由于气候的变迁和上游过度的截流，现在一些河道已经干枯了，多年的风沙也使河道严重沙化。但河道两岸的胡杨林，头顶烈日，根扎黄沙，在无边的秋风中，泛起晶莹透亮的金光，形成了独特的风景。

　　密密匝匝的胡杨林铺天盖地，仿佛波涛汹涌的江河，在阳光下闪烁着迷人的光芒。金黄的叶片映照着大地和天空，就连脚下堆涌的黄沙也愈加灿烂起来了，像铺满了金子一般。巨大的树冠，千姿百态，令人如醉如痴。

额济纳形态各异的胡杨，美妙无比，自然天成，可谓鬼斧神工。

14. 怪树苍凉

　　"导弱水至于合黎，余波入于流沙"。发源于祁连雪山的内陆型河流——黑河，史称弱水或弱水流沙，由西南向东北冲积形成了 3 万平方千米的额济纳绿洲，古称居延绿洲。

　　几百年、几千年的河流，创造了不朽的居延文化，沧海桑田，又是这条河流，使光辉灿烂的历史，只留下昔日的神话。

额济纳的怪树林，是胡杨的墓地，生而不死，死而不倒，倒而不朽，枯萎的胡杨，在这里阐释着生命的意义。

　　尽管额济纳绿洲有着"胡杨故乡"的美誉，这里的天然植被和林木每年却都以惊人的速度递减，致使沙尘暴肆虐横行，每年8级以上的大风达46次之多。大风过处，黄沙弥漫，遮天蔽日，"风起额济纳，沙落北京城"，这里成为沙尘暴的策源地之一。

　　尽管胡杨有很强的生命力，但它们仍是难逃噩运。在生机盎然的胡杨林外围，倒伏枯死的树干随处可见，被流沙剥蚀得白得耀眼的枯枝，仿佛陈死者的朽骨。断裂的枝条横七竖八，铺筑着通往林间的道路，它们黑色的躯干，像是一个个惊叹号，欢乐的歌唱和痛苦的呻吟交织在一起，在呼唤着生命的渴望。从胡杨扭曲的树干和盘根交错的根部可以看出，生命和死神正在进行着殊死的搏斗。

这里全是枯死的胡杨，被称为"怪树林"。走进"怪树林"，满目只是戈壁、沙砾、枯枝，生命气息仿佛如此遥远，死亡之神却似触手可及。大片枯死的胡杨似亡魂，渗透出一股恐怖的气氛，令人毛骨悚然。累累"尸骨"，横七竖八，流沙"如血"，沉积成片。枯死的胡杨奇形怪状，有的像被砍去头颅的士兵，匍匐在地，躯体曲蜷；有的斩腰断臂，粗厚的树皮如盔甲连着骨肉；有的剖腹不倒，仰天长叹；有的金戟一般直立长空，倔强挺直的躯干似乎在向人们表示，它并不想屈服于灼热沙漠的重压。

它们伫立在荒原上，它们曾经强大无比，像一支永远不可能消失的兵团；它们曾经发出过密集的、喧哗的笑声，仿佛在嘲笑一切妄想消灭它们的力量，它们不相信自己会消失。很久以前，也没有人相信森林会消失。然而，这些树木终究还是死亡了。无限的岁月，见证了它们悲壮的死亡。

这片生长在沙漠边缘的怪树林，几百年前还是一片原始森林。由于人为的破坏，河流的改道，这些胡杨林失去了赖以生存的基本条件而大批死亡。它们只能在恶劣的自然环境中自生自灭。这里的胡杨林基本为自然死亡。仅有的几棵活着的胡杨树，似乎在向人们诉说着依稀往事。昔日绿阴扶疏，泱泱大河的奇异景象，已成为大漠中无尽的怀想。

夕阳浮现出殷红的血色，怀着无限悲凉的沉思，将它巨大的光影投射到这片死寂的土地上。茫茫大野，我们听不到一丝鸟鸣。只有这些枯死的胡杨，在低吟着它们生命的挽歌，这些裸露的枯枝像是无数双高高举起的、干瘪的手，在呼唤着生命之水。

水，是生命之源。水，是绿洲的命脉。从活着的胡杨林到枯死的胡杨林，几乎可以隔沙相望。尽管胡杨的生命力十分旺盛，尽管胡杨耐干旱、耐盐碱、抗风沙，尽管它发达的毛细根部可伸入地下百余米，但地下水被干燥的沙漠吸收殆尽，根植再深的胡杨树也会枯死。

荒芜的绿洲，满目疮痍，一片死寂。在生态环境令人产生巨大忧患的今天，戈壁西风日益强劲，沙漠的推进愈发加剧，倒地的胡杨不断增加，无水的额济纳河道依然龟裂。

也许有一天，这些活着的胡杨，也会永远地褪落茂密的枝叶，成为荒野的雕塑。也许，只有在经历了荒漠、干渴、荒芜、死亡的磨砺之后，我们才懂得绿色、甘露、生命的全部含义。

怪树林，它们多么像一群申诉的灵魂。

像额济纳怪树林这样成片枯死的胡杨林世所罕见，同时，像这样被扭曲的生命，令人震撼。

[卷二] 腾格里沙漠和巴丹吉林沙漠夹缝中的绿色

胡杨　生命轮回在大漠

15. 秋天的额济纳、秋天的胡杨

秋天应该去额济纳，秋天必须去额济纳。在秋天，只有你到了额济纳，才能真正体验秋之华贵；只有你看见胡杨，才能够目睹树之高雅，领略大漠戈壁的神奇之美。"大漠孤烟直，长河落日圆。"唐代诗人王维的一曲《使至塞上》，使西部的壮美和辽阔，留在了时间的记忆里，成为人人皆知的千古绝唱。此时的王维被排挤出京城，心情郁闷，但额济纳的风光却使诗人心境爽朗。然而，有谁知道，这首诗描写的正是额济纳的风情。额济纳旗位于内蒙古自治区最西部和蒙古国相邻，国境线长达 500 千米，是内蒙古最大的旗，90％以上是戈壁、沙漠和低山残丘。那么，在这样一个看似环境恶劣的地方，为什么会出现如此俊秀的胡杨美景呢？

其中的原因还要从黑河说起。黑河流域是我国西北地区第二大内陆河流域，位于河西走廊中部，为甘肃、

有人说，秋天的胡杨林，是披着一头金发的少女。但在无垠的荒漠中，它们绝对是伟丈夫。

[卷二] 腾格里沙漠和巴丹吉林沙漠夹缝中的绿色

内蒙古西部最大的内陆河流域。黑河发源于南部祁连山区，分东西两支：东支为干流，上游分东西两岔，东岔俄博河又称八宝河，源于俄博滩东的锦阳岭，自东向西流长 80 余千米；西岔野牛沟，源于铁里干山，由西向东流长 190 余千米，东西两岔汇于黄藏寺折向北流称为甘州河，流程 90 千米至莺落峡进入走廊平原，始称黑河，上述流域为黑河（干流）的上游。西支源于陶勒寺，上游称讨赖河，于朱龙庙附近汇合后，称酒泉北大河（或临水河）。黑河从莺落峡进入河西走廊，于张掖市城西北 10 千米附近，纳山丹河、洪水河，流向西北，经临泽、高台汇梨园河、摆浪河穿越正义峡（北山），进入阿拉善平原。莺落峡至正义峡流程 185 千米，为黑河（干流）的中游。黑河流经正义峡谷后，在甘肃金塔县境内的鼎新与北大河汇合，北流 150 千米至内蒙古自治区额济纳旗境内的狼心山西麓，又分为东西两河，东河（达西敖包河）向北分 8 个支流（纳林河、保都格河、昂茨河等）呈扇形注入东居延海（索果淖尔）；西河（穆林河）向北分 5 条支流（龚子河、科立杜河、马蹄格格河等）注入西居延海（嘎顺淖尔）。就这样，波澜壮阔的黑河，使额济纳辽阔的土地，不仅仅只有沙漠、戈壁和绿洲，更有着众多的湖泊或海子。是这些湖泊和海子，造就了额济纳；是这些湖泊和海子，孕育了大片大片的胡杨。在额济纳，最有理由回味、最具魅力的便是蜚声中外的居延海。可以说，是居延海创造了灿烂辉煌的居延文明的环境基础。

　　《淮南子·地形篇》曰："（弱水）绝流沙南至南海。"这里的"南海"就是居延海。先秦时期，因匈奴居延部落在此游牧，居延海又称"居延泽"。魏晋时期叫"西海"。唐代以来，统称"居延海"。

据卫星照片和考古证实，居延海湖面曾达到2600多平方千米，到秦汉时期尚有726平方千米。由于弱水流量的大小，居延海忽东忽西、忽南忽北变化不断，成为一个神奇的"游移湖"。

居延海烟波浩渺，神情幻化，气势壮观。每当夕阳西下，便有紫气于湖面隐隐生成，袅袅不绝。对此，匈奴居延部落曾加以供奉祭祀。相传，西周之衰，道教创始人老子骑着青牛冉冉西游，到函谷关（今河南灵宝东北）为天水人尹喜写下著名的《道德经》之后，便西行千里，没入流沙得道成仙。据说，庄子也在梦境中变成蝴蝶后幻为一缕青烟。

昨天的居延海已经枯竭，昔日的文明也已衰败。据史料记载：唐武则天时代，居延一带所产的粮食曾供给中原。可见那时候，这里是一块多么富庶的地方。时光流转，到了20世纪80年代末，居延海干枯所造成的额济纳的环境危机，已为世人所关注。强制性的黑河分水和调水，使居延海重新恢复了生机。美好的传说，悠久的历史，当人们来到居延海，看见那浩渺的烟波、摇荡的芦苇以及碧蓝的水面上飞翔的水鸟，思古之情油然而生。

人在居延，不再是满目的荒凉；人在居延，沙丘、胡杨、湖水浑然一体、妙趣横生。

水边的胡杨，有着修长的身材，有着葱翠而金黄的叶片，它们是胡杨树中的宠儿。

胡杨 生命轮回在大漠

16. 额济纳之心灵旅

　　对这样一个树种的倾心与热爱，缘于一次闯入沙漠的奇遇。1985年的秋天，从酒泉出发，经金塔县鼎新镇进入内蒙古的额济纳旗，极具西部风光的河床、沙漠引诱着我的视野，当脚步再也无力起落，去实践青春的诺言，胡杨却像一面旗帜，使我的旅行注入了宿命般的启示。在额济纳的30万亩胡杨林中，许多古老的胡杨树，都被当地的牧民在树身缠绕了绸布，祭拜的人们是那样虔诚，我被生命的力量所感动，同时，也被一方水土上人们对自然的无限呵护所沉迷。当时，胡杨虽然在我年轻的心灵中留下了印痕，但它仍然是一种树，没有成为一种精神力量，为自己的生命作标记。

　　从那次相遇，我有意识地做过总结。不因为是报章书刊越来越多地介绍胡杨，更不是因为猎奇标异的需要。我渐渐发觉，一种树所具备的品质，它的要求是如此的微不足道，它的形象却显示着永久的活力，"一千年不死，一千

胡杨围在一起，像一个家族，更有一种团结的力量。

年不倒，一千年不朽"，耐高湿、耐旱涝、耐盐碱、耐风沙，它几乎与所有的苦难为伴，它献出的，却全部是信心、欢乐。这样一种树，应该成为人类的导师，它也就无可厚非地成了我的座右铭。树中之树，杨树是起源最早的类群，被称为植物的"活化石"，它能够跨越生命禁区的脚步，是那样的有力。

这些并不是胡杨的全部，胡杨的魅力，还要追溯它深埋沙土的根系。胡杨的根系分蘖力极强，在一棵大树周围常可萌发出很多不同树龄的植株。一棵胡杨的主根，可以穿越地层 100 多米。零星散布在沙漠中的胡杨，往往在一个很大的沙丘上暴露一小丛绿枝，其实全部的沙丘都是胡杨根系的家族，刨开沙子，那些盘绕的根族，足以让人的目光战栗。

为了生存，这些根在扭曲中顽强发育，一部分干枯了，一部分又冲出来，沙丘堆多高，根伸展多高，像一场生与死的角逐。某些游历可以改变人的一生，额济纳的进入，使我在一个树种的身上，找到了活着的真意，我严肃地为自己作了宣言般的定位，努力与一棵树接近，成为与之共同站立的风景。

一般是在 9 月底或 10 月初，额济纳像一位金发灿灿的女郎，风姿绰约、风情万种，矗立于戈壁大漠。初次目睹此情此景的人，都会不由自主地赞叹：额济纳，黄金堆砌的额济纳。秋霜降落，活泼的天使把万顷胡杨染成纯粹的金黄。明亮的阳光下，胡杨树的每一片叶子都是那么精致，那么浸人耳目。每当这个时候，这里都要举行盛大的胡杨节，

四面八方的宾客汇集额济纳，尤其是那些旅行者和摄影爱好者，更是趋之若鹜，一派热闹。

额济纳旗所在地的达莱库布，本身就是一个被胡杨包围的城镇。在这里从每一条街道的每一个方向看过去，都能够看见胡杨的身影。把这里称之为胡杨的故乡，一点也不为过。一是这里的胡杨最集中、最稠密；二是景色最壮观、最诱人。额济纳的胡杨，以额济纳河上的八道桥划分为8个观赏区，分别为一道桥、二道桥……从达莱库布往东每两三千米就有一座桥，从一道桥到八道桥，每道桥的两边都有茂密的胡杨林，17千米的柏油马路上，到处都是观光者。每道桥的桥边，总是架满了照相机和DV机，胡杨映

粗壮的胡杨，像一个个垂暮的老人，守望着荒凉的土地；那皲裂的树干，如同老人深深的皱纹，蕴含了无限的沧桑，蕴含了岁月的峥嵘。

衬着河水，河水倒映着胡杨，随便摁下快门，就是绝好的摄影作品。桥是普通的水泥桥，因为有了胡杨，八道桥就成为人们心目中美丽的地方。

一道桥有宽阔的河流，秋季的时候河水旺盛，走下大桥就进入了无边无际的胡杨林，秋风吹过，黄叶飘零，树冠是黄色的、天空是黄色的、沙地也是黄色的，踩着落叶，抚摩褐色的树干，人才能够从梦幻的感觉中回过神来。胡杨林中有蒙古包，有胡杨木围起的栅栏，羊群、骆驼四散而去，与胡杨林共同勾画了一幅别致而情趣横生的图景。值得一提的是蒙古包中的风味小吃，奶酪、奶茶、奶酒，香喷喷的手抓羊肉，加上蒙古族姑娘的民族小调，歌声与美味，让人陶醉。奶酪，当地人叫"奶蛋子"，其做法是，把鲜奶倒入筒中，不断翻搅，提取奶油。再将纯奶加热使其发酵，待奶发酸出现豆腐形状时，舀进纱布包裹后挤去水分，这基本上就做成了生奶酪。奶茶的做法也很讲究，先将上好的砖茶捣碎用纱布包裹，待茶在水中翻滚时加进一定量的食盐，然后把刚挤的新鲜奶倒入茶水中，茶乳交融，色泽呈浅咖啡色，奶茶就做成了。酿制奶酒是额济纳人的拿手技艺，主人先是把新鲜的奶液倒入木筒，用木棍上下翻搅，发酵变酸脱脂，再把这些酸奶倒进铁锅加热至沸腾，大量的水蒸气，通过冷却系统散出时，凝结成无色透明的蒸馏水，这就是奶酒。

胡杨林中有柔软的沙地，沙地上铺满了金黄的胡杨叶片，有的地方还有很高很大的沙丘，人站在沙丘上，可以瞭望林海，也可以采撷一两片黄叶，作为珍藏。胡杨，天赐恩物，一树三叶，似杨似枫，秋露一洒，滋润生光。这里的胡杨，一棵紧挨一棵，树冠彼此连接在了一起，阳光从树阴的缝隙间筛漏下来，立刻被晕染成金黄色，甚是辉煌，富有诗意。胡杨与别的树种不同，它的生长无拘无束、自由快乐，树干有的挺拔笔直，有的盘根错节，有的倒伏，有的皲裂……树枝旁逸斜出、嶙峋怪异，或如苍龙狂舞，或似孤鹜翻飞，造型独特，美不胜收。

额济纳是个农牧业区，沿着额济纳河，在胡杨林的间隙，有成片的田野，种植小麦、玉米、棉花，但种植最多的还是哈密瓜。秋天，胡杨树叶子金黄的时候，就是哈密瓜成熟的时候。看金秋胡杨，品哈密甜瓜，这是二道桥的特色。这里生产的哈密瓜个大、皮薄、甘甜，瓜重一般在 3 千克左右，大的约 5 千克，最大的能够达到 15 千克，含糖量在 10% 以上。坐在林中的小桌前，品尝哈密瓜，是一大享受。

到额济纳，八道桥是一个必去的地方。从一道桥到八道桥，公路两侧的胡杨逐渐稀疏，高大古老的胡杨也越来越少，但八道桥有自己独特的风光。它与巴丹吉林沙漠相连，新月形沙丘连绵不断，站在沙丘上向四周望去，大漠胡杨的景致一一再现。近处，沙漠戈壁地带星星点点地分布着一些胡杨树、骆驼刺、红柳等沙漠植物。远看，片片胡杨林如同镶嵌于沙漠戈壁间的黄色锦缎。

茂密的骆驼刺，让荒野的春天也充满了生机。

胡杨
生命轮回在大漠

17. 胡杨林中的雪

大雪压胡杨，胡杨挺且直。雪中的胡杨林，更有一番情趣。

荒野上望不到边的银白，在壮观的同时有点恐怖。对于行走在荒野上的人，一种景致一旦无边无际，人的自卑和渺小突然间就会暴露出来。虽然我们的旅行没有任何危险，虽然一路上车厢内暖意融融，但还是有人叹了几声气，这可能是人固有的弱点。

我们要去的地方是额济纳，中国最北面的地方，几片大沙漠环绕着，春夏之交，大风吹起，沙雾漫天，以十分可怕的速度漂游，似乎整个世界都要被这沙雾所笼罩。这样的情景，每年我们都要经历几次。而在冬天，这里下了一场雪，知道了这个情况，我们迅速就赶到了。

当地的人说，这是几十年来额济纳最大的一场雪，雪一直下，持续了3天3夜，半夜里能听见树枝被折断的噼里啪啦的声音。

额济纳地处沙漠深处，地势低洼，冬暖夏也热，尤其是冬天，很少下雪，即使下雪，也是零零星星的几片，还没有落到地面，就在半空中融化了，成为淡淡的雾气。这次不同，雪太大了，地面上的雪太厚了，分不清哪是路哪是沙漠。

额济纳百万亩之多的胡杨林，只能看见它们是一片树，而不是胡杨树。沙漠中，无论是冬春还是秋夏，胡杨树的特色是鲜明的，有了一场大雪，胡杨的全部特征就被这浓重的雪抹杀了，这多少让我们感到遗憾。

我们还是去了胡杨林。林区的雪似乎更大，胡杨落尽了叶子，本来是光秃秃的树杈，大有桀骜不驯的气质，可枝上挂满了雪，密的枝杈间结了厚厚的雪，就好像一个胡子刺茬的男人变成了温柔体贴的女子。北方的树木有气象万千的冰挂，这在东北是一种景观，在别的地方很难看到。而我们眼前的额济纳简直就是冰挂的世界，连当地人都很惊讶，个别热爱生活的人纷纷出游拍照，很是兴奋。

额济纳县城所在地达莱库布镇是个胡杨密集的地方，在大雪中显示不出胡杨的风韵，一样的枝枝杈杈，一样的被雪包裹，只不过区别于柳树的婀娜多姿，胡杨没有太多细嫩的枝条，因而雪中的胡杨更像一个顶风傲雪的伟丈夫，它是披了一堆雪或者一层雪。它也不像大雪压青松的感觉，松树一般长得很规整，胡杨则是自由发挥，爱怎么长就怎么长，往往一棵经年的胡杨树，它的枝叶的覆盖面在几百平方米之内。距离县城十多千米有一棵老胡杨，当地人称之为胡杨王，其粗大的树干三五个人才能合拢，夏秋两季，树叶在枝条间密布，像一座巨大的不透风的伞盖。如今，有了这样一场大雪，它就成了一位白头发白胡子的圣诞老人了。

在雪中的胡杨林中穿行，小小的一声咳嗽，都会震落树枝上的雪。扯开嗓子喊几声，声波过处，一阵哗哗的雪声，就如同暴雪的来临，不小心会撒一身，灌一脖子，那滋味，不好受。硕大的胡杨林，因为雪变得冰清玉洁。蓝蓝的天空下飘着白云，白云的下面，是被雪包裹的胡杨，大地上也是厚厚的雪，与往日那种蓝天、沙漠、胡杨的景致完全两样。天地茫茫，胡杨挂雪，单调极了。看一阵子，身心就很疲倦。不过，有了这些雪，干旱的胡杨林在来年的春天，就有了可供吮吸的甘霖，沙漠上那刚刚露出头的小胡杨也不至于干枯而死。

细碎的雪，凝结在胡杨的枝条，凝结在草棵之上，营造出一个冰雪世界。

18. 怪石城

　　怪石城是黑河流域中一块奇特的风蚀山地。它的遥远和荒芜是无法想象的。最初牧人发现这里的时候，由于人们无法正常进入而久久不名于世。随着探险者的涌入，这块神奇的风蚀山地，才引起人们的关注。

　　这里除了偶尔有几棵最为耐寒耐旱的植物——胡杨、白茨和红柳，鲜有绿色和人烟。人们之所以把这个地方称之为怪石城是因为这里到处都是千奇百怪、千姿百态、千疮百孔的石头。这些石头组成的方阵，就如同一座奇

胡杨
生命轮回在大漠

石博物馆。

　　关于怪石城的形成，专家们认为，数亿年前，这里是一片汪洋大海，后来，由于气候变迁，大海干涸，由于地壳的运动，裸露于地表的石头，早已扭曲畸形，再加之年复一年、日复一日的狂风吹拂，这些石头就变得光滑圆润，漏洞百出，奇形怪状的样子越来越明显地呈现出来。到了今天，它的鬼斧神工已经登峰造极。另外，这里的石头孔洞相通，如镂如刻，是许多奇石爱护者的收藏所爱。

　　的确，我们来到怪石城，感受最深的是这里的风。风在石头间穿行，像一条条游龙，忽而低吟，忽而狂啸，恐怖阴森。去过那里的牧人说，一年一场风，从春刮到冬。

怪石城的美在于怪，满目的石头，形态各异，狰狞万状。

[卷二] 腾格里沙漠和巴丹吉林沙漠夹缝中的绿色

胡杨　生命轮回在大漠

一簇簇黄叶，像是阳光的变种，晶亮晶亮的，仿佛是停留在半空中的黄金。

19.　额济纳——中国知名五大红叶观赏区

　　据国家旅游局主办的《旅游》杂志介绍，额济纳已成为广大旅游爱好者青睐的五大红叶观赏区之一。观赏红叶，最初人们知道的仅仅是北京的香山红叶，有关香山红叶的文章也是铺天盖地，有名家的作品，也有一般游客的作品，香山红叶之美，已被亿万中国人和世界各地的游客所熟知。随着改革开放的深入，人民生活水平的日益提高，旅游热逐步升温，神州大地上的众多美景也逐渐被开发出来，地处偏远的额济纳，胡杨林的风采，在中国旅游界也已撩开了它神秘的面纱。

　　近年来，额济纳旗政府对于胡杨的宣传也是不遗余力，每年 10 月，都要举办以"欣赏胡杨秋色、弘扬居延文化"为主题的胡杨节，邀请海内外嘉宾、媒体记者前往额济纳。美丽的金秋胡杨，丰富多彩的民俗活动，使额济纳的魅力逐渐被世人所了解，加之著名导演张艺谋在拍摄《英雄》时，在额济纳有一场精彩的打斗场面，金黄的胡杨林，翻卷的树叶，把人们带到了一个无限神秘的地方，使人们对额济纳的向往与日俱增。起初，去额济纳的游客中，以摄影爱好者居多，单纯的观光者很少。目前自驾车旅游、旅行团等也大量涌入，尤其是在十一黄金周前后，游客剧增，达莱库布镇住满了人，

胡杨

生命轮回在大漠

羊群从胡杨林中穿过，灿烂的阳光，金黄叶片，伴随着他们走过一段难忘的岁月。

连牧民的帐篷也住进了游客。

为了保持十一黄金周期间旺盛的旅游势头，额济纳旗政府在 11 月初还举办"骆驼节"，成百上千匹骆驼集中在胡杨林中，沙漠、胡杨、骆驼、身穿民族服装的牧民，构成了一幅壮观的画面。在经济发达的今天，即使在西部，骆驼也已经很少了，一下子出现那么多的骆驼，应该说是一大奇观。

〔卷二〕腾格里沙漠和巴丹吉林沙漠夹缝中的绿色

20. 酒泉卫星发射基地的胡杨

外地的朋友常向我了解酒泉卫星基地的情况，在他们的想象中，酒泉、嘉峪关相隔不远，我一定对那里十分熟悉。其实，酒泉卫星基地，由于隶属军事要地，加之戈壁沙漠阻隔，当地也很少有人目睹它的风采。

在神秘的诱惑和激情冲动下，只要到了酒泉、嘉峪关的游人，都想一睹卫星基地的真容。

其实酒泉卫星发射基地就是一座被胡杨林环绕的军事、科技重镇。它位于酒泉市东北210千米处的巴丹吉林沙漠深处。汽车出嘉峪关，经过酒泉，抵达金塔，漫长的戈壁，使人昏昏欲睡，在路过鼎新绿洲时，人们的眼睛为之一亮，这里是黑河流过的地方，水源的充足，使无边的戈壁显示生命的绿色，一丛丛芦苇，一片片高大的胡杨树，肥沃的土地上，到处生长着茂盛的庄稼。尤其黑河大桥，壮观无比，堪称河西第一桥。

出了鼎新，还要行驶100多千米，才能看到卫星基地。

卫星基地地势平坦，视野开阔，常年干燥无雨，光照时间长，周围人迹罕至。1958年之前，这里还是不毛之地，如今，经过航天人的顽强拼搏，一个绿树成荫，街道整洁，人居环境优美的戈壁小城矗立于沙漠之中，为世人所注目。不仅如此，更重要的是这里是我国建设最早、规模最大的卫星发射中心，也是各种型号运载火箭和探空气象火箭的综合发射场，拥有完整可靠的发射设施，能发射较大倾角的中、低轨道卫星。

在基地，人们可以参观卫星发射场、指挥控制中心、

长征二号火箭、测试中心、卫星发射中心场史展览馆、革命烈士陵园、东风水库等，最为自豪的是"921~520"工程，这是继京九铁路、三峡工程之后，我国的三大重点工程之一。它是集火箭、宇宙飞船垂直总装、测试为一体的高层工业厂房，厂房大厅高度80米，跨度24米，其他层高为6.8米，总高度为100米。

基地不仅有高深莫测的高科技设施，更有独特诱人的自然风貌。航天城郊外，无垠的大沙漠上，生长着成片成片的胡杨树，春季绿色如潮，秋天金黄一片，胡杨千年不死、千年不倒、千年不朽的品质，正是航天人的写照。

霞光中，酒泉卫星发射中心的发射架高高挺立，像一个沉思的巨人，更像一棵高大的胡杨树。

致塔里木河

是一位母亲匆匆忙忙的身影

是一位母亲正在哺育自己

众多的孩子

那些孩子是戈壁、草原和绿洲

那些孩子

老成稳重的胡杨林

追随着她的

是风，是季节的脚步

而为她做了一身新衣服的

却是那不离不弃的胡杨林

春天，纤纤手指般的叶片

为它擦去脸颊的灰尘

夏天，身体如伞盖般张开

为它撑起沁人心脾的阴凉

秋天，集合黄金的色彩

为你送上无尽的祝福

塔里木河，沿着碧波和浪花

那些胡杨林

像整装待发的兄弟

1. 塔里木河流域的胡杨

　　被称为"无疆野马"的塔里木河，全长 2179 千米，是我国最长的内陆河。塔里木河由发源于天山的阿克苏河和发源于喀喇昆仑山的叶尔羌河，还有田河汇流而成。流域面积 19.8 万平方千米。塔里木河河水流量因季节差异变化很大。每当进入酷热的夏季，积雪、冰川溶化，河水流量急剧增长。塔里木河流域在地域上包括塔里木盆地周边向中心聚流的九大水系和塔里木河干流，塔克拉玛干大沙漠及东部荒漠区。九大水系分别是：孔雀河水系、迪那河水系、渭干河、库车河水系、喀什噶尔水系、叶尔羌河水系、和田河水系、克里雅河小河水系、车尔臣河（且末河）小河水系。在距今 2 亿 3000 万年以前，塔里木盆地还是一片汪洋大海，史称"塔里木古海"。之后，步入了亚热带气候下的浅海与沼泽地貌。恐龙悠然的在这里散步，古生物在这里自由自在地飞翔或爬行。

　　喜马拉雅山造山运动在距今 6700 万年时开始了，天崩地裂，地覆天翻，海水亦步亦趋地退却了，在大约 10 万年前，塔克拉玛干大沙漠诞生。一条神奇的河流从塔里木盆地北部悠悠穿过，然后又在东南沙漠里神秘消失，它就是塔里木河。《汉书·西域传》记载："南北有大山，中央有河。"此河即塔河，它在我国史籍文献中常常被称作计戍水、葱岭河。塔里木河以她的乳汁喂养着南疆 5 个地州 42 个县市，生产建设兵团 4 个农垦师，55 个农场共约 800 万各民族人民。这条河，历史上是一条流入罗布泊并哺育过楼兰文明的大河，催育过丝绸之路的古内陆文

胡杨 生命轮回在大漠

明。20 世纪 50 年代以前，她的最后归宿在罗布泊，但到了 60 年代，归宿地退到了台特玛湖，全长 1321 千米。又隔了 10 年，到了 70 年代，塔河的最后归宿从台特玛湖退到了大西海子水库。1972 年，美国一颗人造卫星地球资源相片显示罗布泊已干涸。而到 90 年代，大西海子水库的水开始时有时无，朝不保夕。仅仅 40 多年间，塔里木河就从 1321 千米缩短到 1001 千米，也就是说，320 千米的河流就像梦一样无声无息地消失了。但塔里木河流过的地方，就有胡杨；塔里木河干枯的地方，也有枯死的胡杨。

塔里木河的存在，使茫茫沙漠中形成了神奇的沙漠森林和沙漠草原景观，其沙漠森林的主体就是胡杨。仅塔里木河流域的胡杨树就占中国胡杨总面积的 70 % 以上。每年 10 月中旬以后，被胡杨树簇拥的塔里木河一片金黄，宛如一幅巨大的彩笔描绘的一幅金光灿灿的油画。距离尉犁县不远的罗布人村寨，有滑翔机招揽游客，从滑翔机上俯瞰，塔里木河如银带恣意飘拂，胡

塔里木河是新疆各族人民的生命河，更是一条分布着无数胡杨树的胡杨河。

杨树则像是塔里木河刚刚出浴的金发女郎。

我们进入塔里木河流域，从米兰到 36 团场到尉犁到库尔勒，一路上，与塔里木河形影不离。正是 10 月初，塔里木河流水丰盛，公路两旁的河滩全部是水，一派缥缈浩瀚的样子。而大片大片的胡杨，则有的翠绿，有的微黄，有的金黄。翠绿的胡杨树一般分布在塔里木河附近，水中的胡杨自然有着旺盛的生命力；而微黄的胡杨则生长于外侧的碱滩，虽然自然条件较为恶劣，但塔里木河的水渗透到了那一地区，如果没有天气变化的影响，譬如一次降温，一场寒霜，胡杨还是亭亭玉立；金黄的胡杨生长在更加外围的沙漠上，那里有一丛丛的沙丘，高高低低的沙丘上，起伏着高高低低、大大小小的胡杨，它们身披金黄的叶子，守望秋天的荒野，最是壮观。

我们下车在那一带的沙丘里穿行，拍了不少的照片。沙丘最能体现胡杨的风范，也最能反映胡杨与沙漠共存的独特性。据统计，全世界 90% 的胡杨在中国，中国 90% 的胡杨在塔里木河流域。仅塔里木河流域的胡杨林保护区的面积就达 3800 平方千米。胡杨林是塔里木河流域典型的荒漠森林草甸植被类型，从上游河谷到下游河床均有分布。北疆准噶尔

盆地也有片片零星分布。新疆轮台县地处天山南麓、塔里木盆地北缘，这里有 40 余万亩世界上面积最大、分布最密、存活最好的第三纪活化石——天然胡杨林，是该地区胡杨林中的精华。

在塔里木河的古河道中，长满了胡杨树。每到河水暴涨，古河道河水汪洋一片，沉浸在其中的胡杨树就像畅饮了蜜糖。

2. 到沙漠上去看胡杨

　　沙漠远离人境，以无限的沙粒铺陈着永恒的宁静。旅人，你可以打扰它的宁静，但绝不可以污染它的躯体。因为沙漠，可能就是我们人类的最后一块净地了。向沙漠和胡杨进发的旅程，是一个充满期待和希望的旅程。茫茫的戈壁和荒漠，又总使人产生无边的孤独感。有时候坐下来，抽支烟，看戈壁上的蜥蜴愣头愣脑地看你，又惊慌失措地离去，你

就能体会到世界的广大和人的渺小。

　　进入胡杨林，人有一种虚幻感，在这种虚幻感的驱使下，人会不由自主地搜寻记忆中最美好的时刻，想来想去，这样的景，这样的境，只能是在梦中见过了。

　　经年的胡杨枝干粗大，但它却没有丝毫的苍老感，尽管它的表皮皲裂，似乎是奄奄一息的情形，但观其整体，它那灿烂的叶子，又似青春的少女，实在是活泼而又年轻。这就是让人惊诧的胡杨，看上去群魔乱舞，有一股子酷劲。其实，那是极度的痛苦之后灵魂的扭曲。或许我们看不见一棵树的生命奇迹，但如果身临其境，我们明显地能够感受到这些胡杨的枯枝

大漠、河水、胡杨树，它们共生一处，组成了无比奇妙的风景。

123

败叶所产生的震撼力。可能这就是胡杨不死的灵魂吧。

在怪石城，我从来不把那些石头看作石头，也不把那些石头涌在一起的石头滩看作城。因为这些石头，这些千疮百孔的石头，说到底，它们是这块土地的主人，亿万斯年，风是它们的呼吸，雨是它们的汗水，苍茫的天宇和广阔的大地是它们的房屋，它们把自己的狰狞和丑陋带到这个世界上，为这个世界增添了更加理智的色彩。

黑戈壁簇拥的城，黄沙淹没的城，很容易使人联想到一个前朝遗老的容颜。的确，它有点苍老，残垣断壁之下，皲裂的瓦片，在阳光下闪亮，呼唤着人们对于久远岁月的怀念。

汉长城是一列晚点的列车，载着风雨，载着血腥的往事，被搁浅于荒芜的大地；汉长城又像一册古老的书卷，那清晰的夯筑层，那沙土中夹杂的芦苇、红柳和胡杨是它神秘的章节。我们会乘坐它抵达遥远的过去吗？我们会翻开那一页页发黄的卷轴，听见那微弱的历史回音吗？

丰满的秋天，堆满了色彩和果实。而胡杨林的秋天，却让人一步进入了天堂。它不仅是色彩华丽，而且这华丽的色彩还谱写了能够直入心灵的乐章，生命的旋律随着微风的吹拂，她会慢慢把你从肉体中抽出，灵魂占据了胡杨林的每一个空隙。

一片洁白的雪映衬着几株褐色的粗壮的枝干，在晨光或夕阳中，它们组成了一个完美的雕塑。就像一群战士，经过了血雨腥风的洗礼，站在了自己生命的制高点上。有一种壮烈的情怀，还有一种莫名的忧伤。

人在沙漠，要么你想象，要么你悲伤。生活在沙漠中的牧人，心情豁达得很。当你走进低矮的帐篷或者简陋的黄泥小屋，不仅能够听见他们的歌声，看见他们放浪的舞蹈，而且，他们对于自己生活方式的阐释，也有独到的见地。

胡杨、红柳、芦苇构成了疏勒河湿地的植物家族。秋天，他们共同构筑了自己的色彩防线。举着白色花束的，那是芦苇；盛开粉红色和红色花朵的，那是红柳；而金黄的，则是胡杨。

红柳是个流浪的牧人，在干旱的戈壁，在沙漠的深处，有红柳的地方，就有牛羊，就有骏马。而我情愿把红柳比做待嫁的新娘，你看，她已经穿好了崭新的嫁衣，等待你来娶她。

牧人把自己冬季的柴火码放得如此整齐，可见他们对于生活的热爱。在沙漠上，有水的地方，就有植物，有植物的地方，就有牧民。但牧民并不认为一方水草就是他们的私有，而是像爱护自己的身体一样爱护自己的草场。而且，在沙漠上，只有枯死的植物，才能作为燃料，这是一条不成文的规矩，没有人随意践踏。

沙漠是美丽的，但也是无情的。进入沙漠，要有充分的物质装备和精神准备。这不，进入沙漠的人，已经备好了车辆和给养，准备出发了。

历经两千余年的风雨剥蚀之后，汉长城仍然矗立在戈壁荒野中。

［卷三］塔里木河的另一重生命

胡杨　生命轮回在大漠

金黄的沙漠，纯洁的雪挂，肃立的胡杨，这一切，构成了冬日沙漠中的美景。

胡杨 生命轮回在大漠

沙湾下的河流滋养了一片片胡杨林，沙漠、河流和胡杨的共生，使塔里木河流域形成了多姿多彩的地理特色和植物风貌。

胡杨 生命轮回在大漠

3. 轮台：胡杨的诗意

2005年《中国国家地理杂志》举办的"选美中国"活动中，塔里木河流域的轮台胡杨林榜上有名，被评为中国最美的十大森林。对于轮台胡杨林的入选，专家的评语是："新疆轮台胡杨林集大面积胡杨林与河流、沙漠、戈壁、绿洲、沙湖、古道及荒漠草原为一体。大面积胡杨林是主体景观，柽柳（红柳）、梭梭林等荒漠植物及部分沙丘为辅助景观。其四季景色变幻明显：春天，积雪消融，万木吐绿，林中百鸟争鸣，野花遍地；春季万木峥嵘，郁郁葱葱，驼铃声在一片绿色的海洋中此起彼伏；秋季，层林尽染，五彩斑斓，如诗如画；冬季，千里冰封，白雪皑皑，胡杨挺立在原野之间，无限高洁。轮台胡杨林不愧为中国最美的森林之一。"

最初知道轮台，是通过唐代的边塞诗。"君不见走马川行，雪海边，平沙莽莽黄入天。轮台九月风夜吼，一川碎石大如斗，随风满地石乱

胡杨树是大漠戈壁的丰碑，它展示的是生命顽强不屈的力量。

走……将军金甲夜不脱，半夜军行戈相拨，风头如刀面如割""上将拥旄西出征，平明吹笛大军行。四边伐鼓雪海涌，三军大呼阴山动""北风卷地百草折，胡天八月即飞雪。忽如一夜春风来，千树万树梨花开""……将军角弓不得控，都护铁衣冷犹著。纷纷暮雪下辕门，风掣红旗冻不翻"。查看了许多资料之后发现，唐代最著名的边塞诗人岑参的这些诗句，都是吟咏轮台雄奇瑰丽的自然景观和卫国将士英勇赴死的战斗场面的。宋代的陆游也有诗提到轮台："僵卧孤村不自哀，尚思为国戍轮台。夜阑卧听风吹雨，铁马冰河入梦来"，表现的是一个垂暮老人壮心不已的烈士情怀，读来荡气回肠，也对轮台这个遥不可及的地方有了初步的印象。后来，我们穿越罗布泊，到了库尔勒，那里的朋友说，应该去一趟轮台，这才又勾起了我的轮台梦。这是一座颇具规模的中等城市，除了立在广场上的一尊汉代"西域都护"郑吉的石雕像，再找不到当年瀚漠中驻兵屯田的旧痕

胡杨

生命轮回在大漠

河流蜿蜒，胡杨林立，大河两岸，胡杨树填补了生命的空白。

迹。不过，变中也有不变，人们说，那里的胡杨依旧美丽，那里的胡杨在等待着四面八方的客人。

我们从轮台向南行驶 40 多千米，就进入了壮阔的塔克拉玛干大沙漠腹地，在我的感觉中，还将有一段漫长的道路。没想到，很快我们就看见了一处胡杨密集、百鸟欢鸣、花鲜蜂飞、天青水碧的好地方。高耸的门牌楼写着"森林公园"4 个大字，一座公园联起了轮台绿洲和塔克拉玛干，一条塔里木河牵出了东边绿荫西边风韵。世界上 1200 个森林公园分布在 100 多个国度里，而沙漠胡杨林公园仅此一处。面对荒漠之中的奇境，你会顿时感到，最初的人类都是林中人，森林给了人们生活的一切，到了这里你才知道你是在寻找人类的根。轮台的诗意，除了古代的诗人们营造的那种塞外雄奇之景，还有胡杨那如金发少女般婀娜多姿的妩媚，不知道还有谁能写一首，让这些胡杨树千古流传。

[卷三] 塔里木河的另一重生命

4. 走进塔里木河边的胡杨林

　　一直想看一看那条河，想象中它波涛万顷，涌动潮水般的绿色，有一种遥远的神秘。这次穿越罗布泊，从它的身边走过，它却是那样的矜持，一条古河道，更像是一条水渠，没有河的气魄。结果，当地的维吾尔族老人告诉我，这已经不错了，有这么多的水。老人所说的这么多的水，指的就是那一渠缓缓流动的水。我有些惊厄，一条如此著名的河流，它的状况竟然是这样！

　　在塔里木河的一个水文站我伫立良久，水是绿色的，很清醇。沿河的胡杨稠密、茂盛，紧紧地围着河堤，它们的根系可能早已深入到了河床地带，它们健康饱满的样子，就能够说明它们是营养丰富的孩子。但离开塔里木河远一些，情况就有变化。天气燥热，盐碱滩或者沙漠上生长着红柳、骆驼刺、罗布麻等。最值得一提的是罗布麻，它细长的枝条迎风舞动，夏

塔里木河是一条生命之河，它的波涛像乳汁一样养育了新疆各族人民，荒芜的大地，在塔里木河的滋润下，有了成群的牛羊，有了丰收的秋天。

罗布麻生长在塔里木河流域的荒野之中，细碎的紫茵茵的花朵，充满了无限的生机。

季的时候还开好看的花，秋天则长满了扁长的叶子，等到天气变冷，叶子就全部脱落，枝干就成了棕色。别小看这棕色的枝干，折一把，用手一搓，木质部粉碎，表皮的一层就是结实的麻了，可以用它做绳子、织布，罗布麻的叶子和花还是降血压的中药材。

高大的植物，就数胡杨了。塔里木河流域的胡杨是世界上仅存的三大胡杨生长区之一，或者在沙丘上，或者在碱滩里，胡杨一丛丛、一簇簇，有幼小的围成一团，有壮年的独立支撑茂密的枝叶，有苍凉的虬枝嶙峋，它们组合在一起，一个树种的沧桑，展现无余。

胡杨是这样一种树，当你面对它的时候，它总带给你巨大的震撼，苦难、孤独、顽强……完全是一个勇士的品格。在胡杨林，我独自走走停停，一步步，我丈量着一条河流与一片树林的距离。我想起，胡杨的根系可以横向和纵向伸展 100 多米，我丈量的结果正是在这个范围之内。沿河 100 米之内的胡杨密集成林，而 100 米之外，则稀稀疏疏；更远的地方，一棵一棵的胡杨，像是被遗弃的孩子。

我急匆匆走向那里，发现它们并不是"孩子"而是"老人"，粗大的树干被风沙淹没，暴露在外面的部分，应该说是枝条，尽管是枝条，它们也像顶天立地的树。

无限的风沙中，它们汲取有限的水分；恶劣的环境中，它们努力扩大自己的生机，只要把整座沙丘抛开，那里面，全部是胡杨活着的身躯，是这样庞大的身躯，维持着我们所能看见的那点点绿色。

这使我又联想起塔里木河，一条河流的情形莫不如此。在极端干旱和荒凉的境地，一条河流行走的步伐该有多么艰难，这是可以判断的。在今天人类大肆掠夺自然资源的时代，一条河流还有清澈的巨流，已经很了不起了。

在塔里木河边，罗布人的家园到处都是胡杨树的身影。

5. 木垒胡杨

　　对于大多数人来说，木垒是一个陌生的地方。天山北麓，准噶尔盆地东南缘，木垒与西部的许多地方一样，长久地处于寂寞无名的状态。我第一次听说木垒，进而踏上木垒的土地，是因为胡杨。距离县城东北 150 千米处，有一个被汉族人称为"梧桐窝子"，哈萨克人称为"玉托朗格"（译为毡房似的胡杨林）的地方，有一大片迷人的原始胡杨林。

　　这片胡杨林的面积根据初步推算约 30 平方千米。20 世纪 80 年代初发现后，考古工作者认定这是上古时期就有

的原始胡杨群落的遗子，距今已有 6500 万年。

在戈壁和大漠的包围下，这片胡杨林，就如同一个巨大的金色伞盖，渲染着秋天的气氛。走进胡杨林，林中树冠相连，枝叶交错。正值青春鼎盛的胡杨，平均干高 10 米，最高 18 米，林冠直径平均 4 米，最大 10 米，胸径平均 30 厘米，最大 1.5 米，3 人尚不能合抱。

世界上最美丽的风景，往往是在人所不知的地方。木垒的胡杨林，正是因为它的遥远和偏僻，造就了它的奇特。应该说木垒的胡杨还是一块人所不知的处女地，它的面积之大、集中程度以及其旺盛的生长势头，在所发现的胡杨林中，堪与内蒙古额济纳、新疆塔里木河流域的胡杨相媲美。

粗大高挺的胡杨，使秋天的新疆，大气而精致。

6. 美丽的红柳

红柳在我国古籍中称柽柳，或称观音柳、西河柳、三春柳，维吾尔语称为玉勒衮。它多生长于我国西北广大沙漠地带。红柳是一种古老的植物，它的祖籍远在非洲，在1200万年前，随着海退和气候的旱化，经地中海、中亚细亚而来到新疆。新疆红柳种类之多，分布之广，面积之大居全国之冠。它们落地生根，四海为家，对环境从不苛求，无论戈壁、荒漠、沙地、盐碱地、河滩地，直至山边河岸，都有它们的足迹。

人们为何把它称作"红柳"呢？在额济纳，有一个传奇的故事。

相传，汉朝骠骑将军霍去病在焉支山大败匈奴后，即率骑穷追，直到居延海以北。眼看全胜在望，战马却断了饲草。一天傍晚，戈壁夕阳一片火红，霍去病独自一人骑着马，在思索解决的办法。坐骑突然奔跑起来，他急忙挥鞭打马，不慎将沾满血汗的柽柳马鞭插在土里，纹丝不动。待他蹲下细看时，才发现马鞭已经生根发芽了。转眼间，戈壁上出现了一大片柽柳。猩红的柳枝，翠绿的柳叶，鲜艳的柳花，正是战马的上好饲草。后来，红色的柽柳遍布了额济纳绿洲，人们就把"柽柳"叫成"红柳"了。

在额济纳，最壮观的是胡杨，而生长最稠密、分布面积最广的，还是红柳。一望无际的红柳组成了一道绿色的屏障，

遮挡风沙，涵养水土。与胡杨相比，它是另一道风景。春天的时候，它发芽、抽枝，由孤单的一束成为一群、一片，雨水充足的年份，红柳的繁衍是成倍增长的，在不经意间，红柳就会由几棵变为一片，由一片变为一滩。夏天，它顶风冒雨，虽然它的形态娉婷袅娜，但它的性格有如松柏之坚毅。它们有的把滚滚黄沙阻挡，并进而固定成星罗棋布式的红柳包、红柳山。沙高一寸，它高一尺；沙高一尺，它高一丈，从不低头、后退。有的红柳还能适应潮湿盐碱地，改良盐碱地，造福于人类。秋天，盛开红色、粉色的花朵，成为花的海洋，与高大的胡杨林相映生辉，景色迷人。

在穿越沙漠的公路旁，在无垠连绵的沙丘上，在无边无际的荒芜之中，是红柳、梭梭等沙生植物撑起了沙漠的春天。

141

7. 隐秘在胡杨林中的砖砌路之最

我们从若羌赶往农垦 35 团的路上，有一片胡杨林，穿越胡杨林的道路是一段砖砌路，一块石碑上介绍说："这是世界上最长的砖砌路的蓝本，在修建新的沙漠公路的时候，公路主管部门把这段路特意留了下来，作为历史的纪念。"

那是一个如火如荼的年代，为了在沙漠腹地打通贯通全疆的交通线，1966 年 8 月，数万名在新疆劳动改造的"右派"，在国道 218 线自 K931 至 K1033 的 102 千米的路段上，用当地的黏土和路边的水，制成土坯。用沙漠上到处散落的枯死的胡杨树干烧制成砖，由于火力旺、猛，很多砖烧至玻璃化，因此坚固无比，敲击时发出"当当当"的金属之声。

这段公路技术等级为三级，每千米用砖 60 多万块，全线用砖约 6120 万块，每块砖长 22 厘米、宽 12.5 厘米、厚 5.5 厘米。施工方法为先平铺一层，后竖立砌成"人"字形，就地取材，以细绵沙填充砖缝。

2002 年，这条砖砌公路获"大世界基尼斯世界之最"纪录。

在沙漠上修公路不容易，用砖修公路更是一个浩大的工程，走在砖砌路上，其路面虽已斑驳不平，但我们分明能够感受到那是心血与意志的产物，我们用目光向它投去深深的敬意。

烧多少砖才能修建这样一条道路啊，怪不得道路周边的胡杨林稀稀疏疏，有被大量挖掘和砍伐的痕迹。我们走进胡杨林，看见不少裸露的胡杨根系和腐朽的胡杨树枝，内心充满了伤痛。

胡杨林中，有一条非同凡响的道路，它们是用砖砌成的，这些砖就地取材，用沙土制作，用胡杨木烧成。

胡杨 生命轮回在大漠

8. 神秘的罗布人

罗布人是世居罗布荒原的居民。在西方探险家刚踏入塔里木河尾闾的村落时，村民们自称"罗布里克人"，简称罗布人。在《普尔热瓦尔斯基传》中说："贫穷而又软弱的罗布人在精神上也是贫困的。他们所理解和想象的整个世界就局限在四周环境的狭小圈子里，除此之外，他们什么也不知道。他们的智力不超过所需要的范围：捕鱼、捉鸭，再加上其他一些生活琐事。"

对于罗布人，斯坦因有过细致的描写："身材魁伟，肩膀宽大，满脸浓须，颧骨突出，头发稀疏，体形体现出蒙古人的特征，但仍然能与塔里木河两岸那些靠捕鱼为生者明显区分开来。"他们"讲的是一种含混不清、元音很重的罗布方言，用词古怪，以致生活在叶尔羌和和阗的维吾尔人也听不懂他们的话。"

罗布人的村落是"一个破烂不堪的小村落，由渔民们的芦苇棚组成。但是只有在这个地方，罗布人仍然坚

神秘的罗布人就生活在胡杨林中，他们以胡杨林为伴，过着鲜为人知和富有情趣的日子。

守着自己传统的生活方式。""这里冬天寒冷，夏天酷热；冬天冷风刺骨，夏天蚊子多得吓人，只有在刮起风暴的时候，人们才能摆脱蚊子的包围。"尽管这样，恶劣的气候对他们几乎没有什么影响。

有关专家分析，所谓的罗布人，如果从人种上看，属于维吾尔人，由于混血的原因，他们与纯粹的维吾尔人又有很大的差别。他们捕捉野羊，挤羊奶，或是在水中捞鱼，维持生命，过着和野生动物类似的生活，直到后来的很长时间，他们才开始用木头搭建房子，定居生活。

在中国的典籍《西域水道记》中，对罗布人的生活也有过描述："其人不食五谷，以鱼为粮。"

最著名的罗布人村落是斯文·赫定地图上位于喀拉库顺河畔的阿不旦。据说，罗布人的祖先最初并不在阿不旦，而是生活在北面的大湖边，由于那里发生了一场大灾难，罗布人祖先才迁到阿不旦，这段历史被编写成了诗歌，在罗布人中间广为流传。

20 世纪 80 年代，新疆考察研究所在米兰绿洲东北 80 千米和 120 千米的沙漠中发现了两个近代罗布人的村落，现存房屋废墟 30 余处和墓葬 10 余座，这个地方就是老米兰以及赫文·斯定地图上提到的阿不旦。

据记载，阿不旦是昆其康伯克的父亲纽末特率罗布人开拓的。清代末年由于塔里木河道改道，迫使下游的阿拉干湖群枯竭。生活在阿拉干湖畔的靠捕鱼为生的罗布人不得不离开这里，迁往阿不旦。

河水干涸后，没有鱼捕了，阿不旦的人们就学着放牧，买回牛没养几年就变成了野牛，全村人只有组织起来，集体去捕杀。最后，实在生活不下去了，人们被迫离开生活了200 年的家园。

今天，在新疆塔里木河流域的尉犁县郊35千米的地方，有一座罗布人村落，是一个复制罗布人居住和生活环境的旅游景点。在那里，塔里木河蜿蜒而过，古老的胡杨覆盖了整个村落，有草棚、罗布人宗教祭祀的场所，有罗布人的馕坑、锅灶，有罗布人打鱼所使用的木船，这种木船很奇特也很简单，把一根粗大的胡杨木掏空一面，就能够在水上航行了。罗布人村寨大量模仿了罗布人的居住环境和生活环境，包括居所、羊舍等。这里的风景也很独特，河水、沙山、骆驼、胡杨……一个号称百岁以上的罗布老人，安静地坐在木头回廊里，如果你想和他合个影，必须要给20元的小费。

据说，曾经罗布人生活的地方，就是大片大片的胡杨林，胡杨林就是罗布人的家园。

在胡杨林中，在塔里木河畔，罗布人用土坯垒起灶台，酥软喷香的馕由此而生，他们的生活自由而浪漫，幸福而安详。

胡杨 生命轮回在大漠

　　举世闻名的楼兰古城，位于罗布泊西部，处于西域的枢纽，在古代丝绸之路上占有极为重要的地位。我国内地的丝绸、茶叶，西域的马、葡萄、珠宝，最早都是通过楼兰进行交易的。许多商队经过这一绿洲时，都要在那里暂时休憩。楼兰王国从公元前 176 年以前建国，到公元 630 年消亡，共有 800 多年的历史。王国的范围东起古阳关附近，西至尼雅古城，南至阿尔金山，北到哈密。但是，随着时间的推移，这个王国逐渐在世界上消失了，直到现在仍然是一个谜。

　　1900 年春季，瑞典探险家斯文·赫定正在罗布泊西部考察，他的维吾尔族向导阿尔迪克，在返回考察营地取丢失的锄头时，遇到风暴，迷失了方向。但这位机智勇敢的维吾尔族向导，凭借着微弱的月光，不但回到了原营地摸到了丢失的锄头，而且还发现了一座高大的佛塔和密集的废墟，那里有雕刻精美的木头半埋在沙中，还有古代的铜钱。阿尔迪克在茫茫夜幕中发现的遗址，后经发掘，证实就是楼兰古城。

［卷三］塔里木河的另一重生命

胡杨
生命轮回在大漠

谜一样的小河墓地

　　小河墓地位于罗布泊地区孔雀河下游河谷南约 60 千米的罗布沙漠中，东距楼兰古城遗址 175 千米。小河墓地整体由数层上下叠压的墓葬及其他遗存构成，外观为沙丘，看起来好像平缓的沙漠中突起的一个椭圆形沙山。据考古学者初步判断，这里的"上千口棺材的坟墓"，封存了至少 3000 年历史。

　　走进小河墓地，走进这个茫茫沙漠中凸起的椭圆形沙山，让人震撼的是山上密密麻麻矗立着的多棱形、圆形、桨形的胡杨木柱。墓地发现了大量的随葬品，有木雕人像、插有长条形青石棒的裹皮角状器、木罐、草编篓、盘子等。其中的 4 具女尸都是成年女性，干尸面部部分已经干裂，身上披着黄色的斗篷，脖子上挂着色彩鲜艳的粗毛线项链，佩着金耳环……丰富的饰物和随葬品，使考古学家初步判断，泥壳木棺内所葬的女性地位特殊。

　　直到今天，对于考古界来说，小河墓地的神秘面纱仅仅掀起了一角，许多鲜为人知的秘密，有可能早已被时光淹没，也有可能重见天日，人们翘首期待着……

［卷三］塔里木河的另一重生命

胡杨 生命轮回在大漠

在塔克拉玛干沙漠的腹地，有一块被中外考古探险家称为"世外桃源"的绿洲，因其与世隔绝而鲜为人知，这块绿洲就是充满神秘色彩的达里雅布依。这里生活着无忧无虑的克里雅人。他们搭建的房屋及生活所用的柴火也多是取自胡杨。

地质和考古学者证实，源于昆仑山的克里雅河一直流到塔克拉玛干沙漠北缘的塔里木河。连绵起伏的沙峦迫使克里雅河向东偏移河道，过去繁荣的城堡村落变成了寂寥的废墟。现今的达里雅布依以乡政府驻地为中心的西半圆内，留下了许多古代文明遗址，像玛坚勒克遗址，喀拉墩遗址，"圆沙古城"等等。这些先民留下的遗迹就在克里雅人生活的村庄周围，与克里雅人的生活有着千丝万缕的联系，因而人们也将克里雅人称为古西域土著的"活标本"，虽然至今仍无人能说得清这些"克里雅人"的来历以及他们离群索居的经历。但他们真实的存在，却勾起了人们的思古之幽情。

[卷三] 塔里木河的另一重生命

沿着胡杨林的脚步出发

是一头骆驼在不住地回望

是一匹马的脖铃在寂寞中回响

总之，所有的目光停滞在一个点上

所有的脚步，停留在一条金色的

河流上

这是一片胡杨林啊

这是又一片胡杨林啊

骑马的人，拉骆驼的人

走过了荒凉与荆棘

被鲜艳的春天和丰收的秋天所拥抱

是那样的安详和幸福

从此，走向更远的山脉

与广阔的无人区

也有能够支撑的意志和脚力

1. 金塔胡杨

万亩人工胡杨林和胡杨掩映下的文化遗迹

地处黑河流域的金塔县潮湖林场的万亩胡杨林可能是全世界人工栽植的胡杨林中面积最大的一块，因为是人工栽植，走进胡杨林，人们看到的是整齐划一的林带，尤其是一棵棵胡杨树，树径一般粗，树冠一般大，树身一般高，乍一看，这样的胡杨林，也别有风味。

万亩胡杨林位于金塔县潮湖林场，这里的胡杨均为 20 世纪 80 年代林场所建时栽种的，如今，这片胡杨林不仅很好地起到了防风固沙的作用，而且现被金塔县作为金塔县森林公园加以开发。

金塔在历史上是河西地区的北部屏障，出入居延的门户，历代王朝都在这里重兵设防，苦心经略。汉朝和明朝时期在这里修筑的三段长城，总长约为 296 千米。

胡杨林与沙漠、戈壁相映成趣，从胡杨林中，隐约可见高大破败的烽火台，断断续续的长城，它们与胡杨林一起，构成了金塔独特的自然和人文景观。

汉朝初年，北方的匈奴常觊觎中原，每逢深秋，他们就骚扰河西，抢掠财物，劫持妇女，为了抗御匈奴骚扰，保障河西地区的安全和丝绸之路的通畅，阻止匈奴南进，汉武帝选派精兵良将，移民屯垦戍边，用大量人力物力修筑长城，其中在称"会水"的金塔县境东部、北部和腹地筑有两道长城。形成了金塔长城"五里一燧，十里一墩、卅里一堡、百里一城"的局面。据考，金塔汉长城修筑于

胡杨 生命轮回在大漠

汉武帝元封二年至三年（前109～前108年），距今已有2100多年的历史。此段长城的塞墙经风沙侵蚀，多数地段遗迹无存，断断续续分布着10段约35千米的长城遗迹尚可看到由红柳、芦苇和黄土夹层夯筑的残墙或当年挖掘的壕沟遗迹。

汉代先民修筑此段长城时充分利用天然地形，因地制宜，或版筑土垣，或垒砌石墙，或倚高山峡谷等自然险阻，稍作整治，就成为坚固的军事防御建筑。

汉长城的走向总是精心挑选的，采用最为有效的路线，尽可能控制住戈壁绿洲、水草地带，阻止匈奴南进河西走廊地区。而这些地方，也正是金塔胡杨林的集中地，胡杨与厚重的长城遗迹，使金塔的人文景观增添了无限的生趣。

汉长城是根据所在地的地理、地势和地貌环境因地制宜而修建的，是由墙、烽燧、坞障和城组合而成。汉代的边塞，是一个庞大的国防工程体系。它的构成 并非"长城"一词给人的印象那样，只是接连不断

在巴丹吉林沙漠的边缘，有一块美丽的土地——金塔，在金塔，人们用辛勤的劳动人工种植了大量的胡杨树。

［卷四］古丝绸之路上胡杨的背影

的一条城墙而已，这个体系是以恒墙为主体，包括了城障、关隘、墩台、烽燧和粮秣武库等军事设施，具有战斗、指挥、观察、通讯、隐藏等综合功能，并配置有长期驻守的一种具有纵深防御能力的边防体系。这个军事防御工程是以因地制宜、据险置塞为原则而构筑的。

遮虏障，就是汉代所筑的边塞。在长城沿线，大致每隔四五里便筑有烽燧，每百里左右便筑有一座小城障（汉代一里为三百步，每步六尺，约合今 403.2 米即 126 丈，每百里约等于今 84 华里左右）。由郡都尉或候官率兵驻守，管辖沿

注：1 里（华里）＝ 500 米

线城障烽燧，监视来犯之敌。酒泉北境的汉长城，即在今金塔县境内，至今虽大部损毁无迹，但据沿线烽燧之分布，东起肩水金关、大湾城一带，向西穿越天仓，过营盘沿金塔三角洲北缘，入玉门境通花海。天仓头墩、沙门子墩……火烧墩、石梯子墩、镇朔墩就是长城内侧的墩台。其与酒泉的距离，最近处由西移镇朔墩计，正南距州城直径 60 千米，弯道 90 千米。再由大庄子乡东北之"古关"计，西南至州城 100 千米。"古关"在臭水墩东北 15 千米的尖泉子附近。尖泉子又称碱泉子，或即汉时北部都尉府偃泉障的故址，引泉筑坝以营障，故名"偃泉障"。碱泉为偃泉的转音。解放初期旧地图，

黑河流域的大湾城、地湾城、肩水金关组成了一道道固若金汤的防线，阻止了北方游牧民族力量的南侵。

尚标记此地为"古关"。东北通居延泽，正北通老虎山、梧桐泉，西北通大红山、芨芨台等处。

唐《元和郡县志》说："'遮虏障'在酒泉北二百四十里，李陵与单于战处。隋朝镇将杨元，巡查边防，曾于其地拾得铜弩牙（即弩机之搬牙）与箭镞。"据此可以看出，遮虏障一带曾是汉代名将李陵与匈奴单于战斗过的古战场，这也是他们之间的最后一战。

到了明代，金塔作为长城的边外地，但由于金塔、酒

胡杨
生命轮回在大漠

泉唇齿相依，要保住酒泉，必先守住金塔。因此，明朝统治者并没有放弃对金塔的经略。"万历二十年（1592 年）兵备霍鹏、参将宁夏姜河议呈巡抚田乐，奏设守备兵马，展筑大堡。"

　　长城一点点破损，胡杨林却在不断地蔓延，在干涸的戈壁沙漠，金塔胡杨林，把璀璨的历史掩映在绿茵之中，等到了深秋，金色的叶片如霞如彩，那时候，人们才真正体味到金塔的魅力。

金塔胡杨是在一片片沙丘上生长起来的，因为祁连雪水的滋润，他们已经形成了茂盛的防风防沙林带。

［卷四］古丝绸之路上胡杨的背影

胡杨以及沙生植物

　　位于巴丹吉林沙漠边缘的金塔县，不仅有人工栽植的胡杨林，也有不少的原始胡杨林，从鸳鸯池畔到黑河西岸，从荒滩野岭到田间路旁，到处都有野生的胡杨，尤其在牛头湾等地，大片大片的胡杨林，阻挡了巴丹吉林沙漠的南侵，保护了金塔绿洲。

　　初次走进金塔的原始胡杨林，恍然如梦。在朋友的带领下，我们七拐八拐，一直在村庄和戈壁间穿行，最后，我们走进了一处植物茂密的村庄，在我的经验看来，这里距离胡杨林的位置肯定还很遥远，不曾想，车子一停，朋友说胡杨林到了。如此葱郁的绿洲，会有胡杨林。

　　牛头湾的胡杨被当地称之为秋景一绝，当地人把胡杨树叫梧桐，说这里生有大片梧桐，夏日郁郁葱葱，远眺一片绿阴，风吹枝叶摇动，阵阵噼啪之声。深秋树叶变黄，观似金色海洋，景色确为好看，令人赏心悦目。有诗为证：

　　深秋行至火烧湾，阳光照耀金灿灿。

　　昔日繁荣昌盛地，明清北道客家站。

　　金童染指梧桐林，湘妃思舜泪竹斑。

　　世事全凭人自为，引得凤凰栖林间。

　　我们穿越茂密的庄稼地，地长满了玉米和向日葵，也

有大田辣椒，绿色的黄色的红色的高高低低的植物，似乎能把人引向一个田园秘境，可我们还是看见了沙漠，然后看见了胡杨林。

　　田园和沙漠只有几步之隔，大田玉米之外，就是红柳密布的荒野，再之后，就是沙漠，沙漠上有一片原始胡杨林，风吹沙起，胡杨林也不断长高，往往是沙丘之上，胡杨簇

戈壁沙漠中 的植物，主要以耐旱耐盐碱的植物为主，其中，骆驼刺是骆驼和牛羊最喜爱的饲草。

拥着胡杨的身影，显示着沙与树抗争的惨烈。

我们从农田的一侧走上一面沙坡，胡杨树依次沿着沙坡而上，沙坡下的胡杨树弱小一些，越往沙坡上走，胡杨树的枝干越粗壮，而植株间的距离也开始拉大，如伞盖般的胡杨树冠把头顶的天空罩得严严实实，只有树叶间的罅隙，透露出星星点点的阳光，这真是一片古老的胡杨林，每棵胡杨树的枝干都皲裂如干涸的土地，有的呈弯曲状，有的横卧在沙坡上，有的枯萎的树干上又长出一截新枝，总之，所有的树形都被某种强大的力量所扭曲，整个林间所散发出的是一种畸形的美。

好在，这片林子不大，不一会儿，我们就走出了沙坡，从沙坡的下面看，这片胡杨林处于戈壁沙漠的前沿，所有的沙子都被挡在了胡杨树下，使它们没有能够抵达村庄和田野。从胡杨林出来，我惊讶于大自然的神奇，荒芜的戈壁可以与生机盎然的田野共聚一处，这可能就是胡杨林的功绩。

沙来树挡，久而久之，胡杨集中的地方，形成高高的沙丘，沙在树腰，树在沙中，这样的奇观并不多见。当地的老乡说，若是挖开沙丘，整个沙丘中，有一半是盘根错

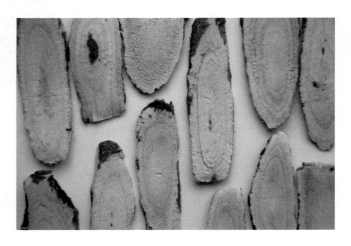

甘草是沙生植物的瑰宝，它不仅有不可替代的药用价值，而且还是防沙固沙的能手。

节的胡杨树根和树枝，所谓"沙高一尺，树高一丈"，让人心生敬佩。

荒野上，不仅有胡杨林，还有更多的匍匐于地的植物，像甘草。甘草由天然生长和人工大面积种植，出产相当丰富。甘草是珍贵药材，有人称它为"药王"。药用部分为根及根状茎，是豆科的草本植物。由于金塔地表干旱，土质松软，昼夜温差大等自然条件，很适宜人工种植和自然生植，为世界最佳甘草产区之一。

在胡杨生长的地方，也是锁阳的乐园。

到了五月份，锁阳悄悄地探出半个脑袋，那红红的像缨枪一样的头颅，老乡叫它苗枪头。锁阳，别名锁严，肉质草本寄生植物。野生在戈壁、沙丘上，常寄生在白刺的根上，茎高 30~40 厘米，紫色或暗红色，地下茎生长粗壮，呈圆棒形，大部分埋于戈壁沙土中，只有花序部分生出地面，有鳞片状小叶，略呈三角形。金塔锁阳尤为珍贵，它可以加工成锁阳丝当美餐，以酬贵宾。也可以切块脱水贮存，用于医药、酿酒等。

在沙漠戈壁之上，生命力十分顽强的植物，沙枣树算是一个。

沙枣树，有一个良好的特征，就是对土壤和水质要求不高，它耐旱、耐盐碱，很适宜本地栽种，在比较贫瘠的荒漠戈壁，只要有水，就可以安家落户，同样生机盎然。

沙枣有红、黄两色，似枣而小，每年四五月间开花，花开香气袭人，其肉白似沙。沙枣味酸甜，是小食品的风

锁阳是寄生的沙漠植物，它的根系是名贵的中药材，可以滋阴壮阳，润肺润肠。

沙枣是沙漠中的美味，它颗粒虽小，但肉质甜润，具有清热凉血，帮助消化之功效。

味佐料，也是沙枣汁的原材料，具有活血、增进食欲等功能，是酬待嘉宾、红白喜事的珍果。

沙漠戈壁中少雨，但只要落下一场雨，植物们就会争先恐后地生发出来，沙葱就是这样神奇的植物。

大凡多雨季节，金塔县城乡市场常有一种天然野菜——沙葱出售。购者雀跃，无论饭庄酒楼，还是小户庭院，有沙葱者，食欲大增。其称不上什么"宝"，但官贵商贾、市民百姓，人见人爱，食者称颂。

沙葱其叶状如红葱、白葱，只是细而短小，长不足五寸。叶中实实在在，似绿色的针。在山石戈壁间有适宜它生长之处，有雨就能生长，且生长迅速，雨后三五天，就会长二三寸，采回来食用，又鲜又嫩。一旦秋季山野雨足凉爽，沙葱的生长期稍稍长时，便有苔儿生长，酷似韭苔，开花也和韭苔花一样，只是花色各异，红白相间，有这样的鲜花点缀山野，的确是好。

沙葱是一种宿根植物，属野生百合科。其根的生命力极强，极耐高温干旱，不是"春风吹又生"，而是逢雨就能生。沙葱在我国有着悠久的食用传统。以食用叶为主；鲜嫩的苔子也可食用，其不仅清香可口，营养丰富，而且具有防疾祛病的保健功能。祖国医学宝典——《本草纲目》里就有关于沙葱八首之记载。常吃能增强儿童智力、提高免疫功能，能有效地预防老年性痴呆症的发生，还能抑制和逆转癌细胞的异常增殖，故有助于健康长寿。

沙葱食之清香鲜美。且食法颇多，用于做汤、做馅，炒也行，煮也可，用盐腌制，又是上好的咸菜，可存放一二年。葱花、薛苔及叶，经腌制晾干，又是很好的调味品。沙葱不仅食法多样，而且营养成分极为丰富。经过甘肃省卫生防疫站和有关单位检测，卫生指标符合国家标准，并含有丰富的蛋白质、矿物质和维生素，尤其富含锌、磷、硒、钙、胡萝卜素及赖氨酸、丙氨酸、谷氨酸、天门冬氨酸等多种微量元素和氨基酸，是人们生活中比较理想的天然保健食品。尤其是在农作物大量使用化肥、农药的今天，沙葱这种野生野长又有益健康的植物，可以堪称强身健体的天然珍品了。

金塔沙葱因特殊的地理环境和气候条件与别处的沙葱有质的区别。从古到今，无论在任何地方金塔人都能辨认出金塔沙葱，其窍门儿就是：金塔沙葱是实心的，其他任何地方的沙葱都是空心的。史载上的"天下沙葱我独尊"就揭示了这个"谜"。

沙葱的枝叶纤细清秀，色泽翠绿，在干旱的沙漠中，只要有一场细雨，它就会蓬勃而出，完成生命赋予的神圣职责。

2. 玉门胡杨

玉门作为中国第一个石油基地而闻名于全国和世界，所谓"凡有石油处，皆有玉门人"。20世纪中后期，随着电影《创业》的全国公演，玉门也开始蜚声海内外。玉门市则因油田而设。

玉门和玉门关并无联系。敦煌西北面的玉门关，是汉通西域的交通门户之一，因西域输入玉石取道于此得名。六朝以后通西域，常走新北路即从安西通哈密一道，玉门关址也向东移。所以唐代的玉门关就不在那儿了。据《元和郡县志》记载，唐代玉门关在瓜州的晋昌县，就是今天安西县双塔堡一带。王之涣的"羌笛何须怨杨柳，春风不度玉门关"大概就是指这里。

现在的玉门镇一带，是一个历史悠久的地方。据《汉书·地理志》载汉武帝太初元年（前104年），酒泉郡领禄福、玉门等县。县治大约在今玉门市赤金堡。为什么叫玉门，南北朝时的敦煌人阚马因为此书作的注说，"汉罢玉门关屯，徙其人于此，置县"，遂称玉门县。玉门关是汉元封三年（前108年）设置的，当时匈奴主力已被击败，玉门关和阳关作为通西域、防匈奴的重要关险，驻有大量军队。开郡初期，敦煌人口较少，供应不了庞大的两关守军，而居于祁连山南面的羌人也不时威胁着河西走廊，为了保证河西走廊的安全和运输方便，驻玉门关的一部分军队开到今赤金堡一带屯田，这些军队开始叫玉门军，后废军化县，设置了玉门县。《史记·大宛传》记载，贰师将军李广利伐大宛，由于路远，供给困难，士卒死亡大半，回到敦煌上书汉武帝要求进玉门养兵，汉武

玉门是我国重要的石油基地，凡有石油处，都有玉门人，玉门人中最著名的当属王进喜。

帝大怒，派使臣把住玉门，说"军有敢入者辄斩之，贰师恐，因留敦煌"。这里说的玉门， 是在敦煌的东面，即赤金堡一带，也就是玉门县。

玉门油田地处祖国西北腹地，位于终年积雪的祁连山麓，它的脚下则是茫茫戈壁沙漠。万里长城西端起点的嘉峪关离它不到两小时的汽车路程。古代"丝绸之路"在它的北边戈壁滩上通过。玉门油田发现很早，西晋张华写的《博物志》就曾记载着"酒泉延寿县（玉门）南山，有火泉，火出为炬"。可能就是描写当时天然气燃烧的景象。南北朝周武帝时，突厥人围困酒泉，城内守军用石油烧毁攻城的云梯，解除了危难。玉门油矿最初叫老君庙油矿，它是因第一口井打在石油河边的老君庙旁而得名的。1935 年，有志祖国地质事业的地质工作者孙健初，亲自勘探了甘肃、青海，自青海横跨祁连，抵达张掖。1936 年到达老君庙，发现了这块宝地。孙健初建议国民党政府开发，但未受到重视。1938 年，浙江沿海失守，汽油供应紧张，旧政府才下决心到此勘探。

第一口井在人工挖掘到 23 米深处首次采得石油，日产 1.5 吨左右。1939 年以老君庙命名的油矿，正式出现在中国资源地图上。当国产石油大批输送到抗日前线时，极大地鼓舞了全国人民的斗志。1949 年 9 月，中国人民解放军的炮声在嘉峪关外震响，反动派企图烧毁油矿并劫走地质资料，英勇的工人护矿队保护了油矿，爱国的地质师孙健初冒着生命危险保护了地质仪器和资料。从此，玉门油矿得到了新生。新中国成立以后，玉门成为我国第一个年产石油 80 万吨的油田。

玉门境内的火烧沟文化遗址是古代敦煌一带典型的文化类型，在玉门市清泉乡乡政府东侧约 300 米处，因有红土山沟，土色红似火烧而得名。1976 年甘肃省文物工作队于此发掘出土了大量彩陶和部分金属器，据初步分析属于新石器时代文化遗迹，距今约 3700 年，称为火烧沟类型文化。现建有"玉门火烧沟文化展览馆"，有众多的泥塑，反映了那个时代人们生产生活的各种场面，充分展示了火烧沟文化的内涵。

火烧沟遗址以墓葬为主，已经发掘清理了的墓葬有 312 座，出土文物中彩陶、石器、铜器与金银器共存，其中有铜器的墓葬 106 座，占三分之一。铜器以模铸为主，有斧、镰、镢、凿、刀、匕首、矛镞、钏管、锤、镜形物等 200 余件。还出现铸镞的石范。火烧沟遗址是甘肃省发现早期铜器最多的一个点，红铜、青铜均有。

火烧沟墓葬贫富和等级的差别，非常明显。随葬品少的仅有陶器一两件，多的有陶器十二三件，还常伴有铜器以及金银、玉器和松绿石珠、玛瑙珠、贝、蚌等。

火烧沟墓葬中人殉或以人祭的墓 20 多座。并大量用牲畜随葬。火烧沟遗址发现有石锄和石磨盘。墓葬中经常出现

玉门火烧沟文化遗址是甘肃六大古文化遗址之一，出土于 1976 年。这是一处新石器时代后期的人类文化遗址，距今约 3700 年。

在火烧沟文化遗址的部分墓坑中，出土了许多制作精美的彩陶方杯、人形陶罐等酒器。

石刀、铜刀，并有铜镰、彩陶杯和人足杯。有的墓大陶罐中贮有粟粒。随葬有狗、猪、牛、马、羊等，其中羊骨多而普遍，随葬品还有青铜工具和用于做装饰的物品。出土的20多个陶埙，皆是一个孔三个音，能吹6、1、2、3四个全音。彩绘的狗、马以及雕塑的羊头和狗，形态逼真。由于农业、畜牧业、手工业的不断发展，商品交换更加扩大了，墓葬中普遍出现的松绿石珠、玛瑙珠、海贝和蚌饰很可能是交换得来的。有些海贝放在死人的口中，也有的贮藏于陶器之中，显然是已赋予货币职能，作为货币财富随葬。

通过对各种墓葬品的分析研究，火烧沟人很可能是古代羌族的一支。羌族是中国最古老的游牧民族之一，远在殷商时期，羌人就活动于中国的西北部。西汉初年，羌人臣服于匈奴，汉武帝击败匈奴，收复河西等地之后，羌人归服于汉朝。当时，甘肃境内以羌命名的县有十多个，魏晋时期，大量的羌人与汉族和其他民族融合，以后的漫长岁月里，这个民族就逐渐被同化融合于中华民族的大家庭之中。

玉门地处疏勒河中游，沿河一带

的荒漠上，总会有一片片古老的胡杨林，像饮马农场、黄花滩等地，胡杨林的分布十分集中，只是那美丽的景色被大片的绿洲农业所淹没，胡杨林作为防风林带，一直矗立在风沙线上。

黄花滩的胡杨林

在玉门，有一个叫黄花滩的地方，疏勒河水从这里流过，滋润着荒野上的树木和植物。每逢盛夏，一种粗秆窄叶的植物就会开出黄色的花朵，在白花花的碱滩里格外妖艳，黄花滩因此得名。

最初，走向黄花滩是因为黄花，觉得那是一个黄花灿烂、诗意盎然的地方。后来，发现那里有一大片胡杨林，这样，在美丽的秋天，从地面到半空，黄花、黄叶，组成了一个立体的金灿灿的世界。

就像所有神奇的土地，都有神奇的历史，黄花滩也不例外。黄花滩，曾经是汪泽大国，汉代称其为"冥泽"，唐代称"大泽"，清代叫"布鲁湖"。

据《肃川志》载，布鲁湖在"玉门镇西北，宽百余里，长数百里……各泉泉水流入，散漫渗漏，湖北出泉数道，流经盐池，入于花海"。唐代边塞诗："白草城中春不入，黄花戍上雁长飞。"描写的就是黄花的景致；清代康熙北定天山，在此设下布隆吉营。雍正五年，工部侍郎马尔泰西巡留下《布鲁湖》七律一首："……浩渺波光通弱水，高低山势接昆仑。蒹葭芦荻秋风里，月映明沙见野鸳。"

曾经的茫茫大泽，因为疏勒河的不断改道，由湿地变为荒野，不过，这荒野因为有黄花，因为有胡杨，而变得情趣天成，野性十足。

跟随胡杨的脚步，我们看到，凡是盐碱地，都会有胡杨的身影。这里的胡杨林，一直延伸到疏勒河故道，所谓的疏勒河故道，是疏勒河改道后留下的古河床。在胡杨林的一边是田野，种着棉花和啤酒花，都是军垦农场的经济作物。我走进黄花滩的时候，正直深秋，棉花盛情开放，几乎覆盖了棉花的绿叶，广阔的棉田里白茫茫一片，像是突然间落了一场大雪。胡杨林的空地上，黄花吐蕊，在微风中摇摆着娇柔的身姿。胡杨树植株之间空隙不大，都是些小型的树木，大部分是碗口粗。据树林里的牧羊人说，别看这些矮小的树，它们的年龄都在30岁以上。一棵胡杨树要是长到了一人合抱，大概得五六十年。牧羊人说，这里的胡杨都是20世纪70年代长起来的，原来的原始胡杨林到处都是，最大的两三个人才能围拢起来，可惜开荒种地，那些树木都被连根铲除了。

好在，胡杨就是这样一种性格孤傲坚韧的树种，只要留下一点点根系，它就会发芽成长，不断成长，这不，才过去几十年，这里又是一片胡杨林了。

每到秋天，盐碱地里的盐碱就会在强烈的日光下被析出，地上的盐碱白花花的，把黄花的黄和胡杨树的叶片映衬得格外鲜嫩，人在其中，感受着色彩的盛宴。只可惜，遥远的黄花滩很少有人光顾，生活在这里的居民，大都是从上海、天津来的军垦战士，他们把自己的青春献给了荒漠，用自己的汗水浇灌了荒漠的春天，胡杨树应该是他们的群像，孤独而不孤僻，贫瘠而不平凡，坚守着属于自己的天地，默默无闻，默默奉献，让人肃然起敬。

这就是黄花滩的胡杨，一片黄花之上，渐渐升向半空黄叶，展示着大地的美。

天下雄关——嘉峪关始建于公元明洪武五年，即1372年。是明代万里长城的西端起点，城内有城，城外有壕，重关并守，气势森严。为中外巨防，河西咽喉，自古为兵家必争之地。

[卷四] 古丝绸之路上胡杨的背影

在疏勒河流域看胡杨

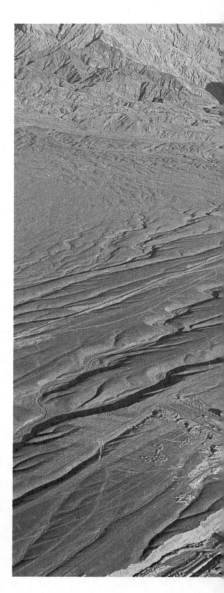

出嘉峪关，沿着古丝绸之路去敦煌，总会与一条河流会面，这就是著名的疏勒河。疏勒河被称之为"口外第一要河"，中国内陆河流中唯一的一条西流河。它不息的波涛，滋润了光辉灿烂的敦煌文明。在疏勒河每一处重要的段落，一片片胡杨，装点了疏勒河的秋天。

从小生活在疏勒河流域，却不知道这里有成片成林的胡杨。即使在村庄的田头偶尔生长着一两棵胡杨树，我们也总是叫它梧桐树，秋天的时候，一棵树披满了黄色的叶片，也不觉得有多么辉煌，因为在每个村庄，秋天的颜色都是金黄的。后来在内蒙古额济纳看到了林海般的胡杨，才知道原来村庄里的所谓梧桐树就是胡杨。

疏勒河的顽强向西，它倔强的性格，就如同胡杨树，把自己根植于偏远的无人之境，把最美的生命激情绽放于天地之间，让天之涯、地之角的荒芜，有自己的精彩。

那是在 2000 年，正值新世纪的开端，我沿着疏勒河开始了自己的文化考察。在我看来，一条河流所包容的是一块地域所有精神气质的综合，同时，那些人所不知的秘密

疏勒河是嘉峪关外的一条内陆河流，发源于祁连
山，是敦煌玉门绿洲的缔造者，是辉煌的敦煌文
化的根基，疏勒河流域的文化遗迹星罗棋布，像
著名的敦煌莫高窟、榆林窟、阳关、玉门关等，
可谓是一条文化之河。

179

也会随着奔腾的流水，倾泻而出。

最初我是想徒步走遍疏勒河的，但当我站在昌马河水电站的大坝上，遥望那崇山峻岭中雾气霭霭的河流，我改变了自己的想法。我明白了，一条河流的秘密，一个人是不可能尽而皆知的。它所依附的沼泽、峭拔、荒野、悬崖，构筑了自己内心的防护，仅凭一个人的热情，不会与它有最核心的接触。

从昌马一直到玉门一带广阔的绿洲上，我一直为一条河流所沉醉，尤其是看见平坦的河谷里，长满一簇簇胡杨树，我就觉得，河流原本就是人类的家园，就是美的集合。

饮马农场是疏勒河流域的一块丰腴之地，到处都是大片的田野，到处都是盛开的啤酒花，荒漠前沿的防风林带密如织网，以沙枣树、柳树居多，但也有大片的原始胡杨林。

我仔细观察过那里的胡杨树，它们基本上都是碗口粗的小树，绿洲上的白杨树两三年就会长这么粗。但它们是胡杨树，别看这碗口粗的树，它们已经历经几十年甚至上百年，也有部分粗壮的胡杨，它们的实际年龄也已超过了百岁。

在饮马，胡杨的生长环境恶劣之极，要么是盐碱地，要么是干旱的戈壁，抑或是沙漠的边缘，这样的环境里，也只有胡杨能够扎下生命的根系，炫耀生命的色彩。

从饮马走下去，向西，胡杨的影子就伴随着疏勒河前行，

胡杨
生命轮回在大漠

似乎是一种不可抵挡的力量在鼓舞着它，也鼓舞着一个行走者。一路上，我采集了许多胡杨树的叶片，在每一个叶片上标注了采集的地点，我觉得，这样我就可以把胡杨的生长带连接起来。可后来，在安宁的夜晚，我取出那些胡杨的叶片，回忆却是模糊的。

在疏勒河流域看胡杨，边走边看，人与地域的相亲、相近，就越来越透彻了。

疏勒河所经之处，绿洲、草原、湿地……到处都是葱茏的绿色；村庄、炊烟、牛羊，到处都是生机勃勃的景象。

胡杨　生命轮回在大漠

3. 瓜州胡杨

瓜州县位于河西走廊的最西端，地处甘肃西部浩瀚的戈壁滩上，东邻玉门，西连敦煌，南望祁连，北枕大漠，是古丝绸之路上的重镇。古称瓜州。夏、商、周时为羌戎地，秦时大月氏居之。汉初被匈奴所占，汉武帝置河西四郡时，为敦煌郡三县地：冥安、渊泉、广至。两晋沿袭汉制，隋置长乐郡，唐武德五年(622 年) 改称瓜州，宋元相沿，明设赤金蒙古卫，清设安西卫、安西府，后改直隶州。民国时改称安西县，安西，是取"国家统一，西方安定"之意，今又恢复为瓜州。

沿瓜州双塔水库、葫芦河、桥子、锁阳城、东千佛洞等一线，景致连连，许多景致竟是唐代边塞诗的出处，可谓是一条边塞诗之路。也是一条胡杨林之路。这里的胡杨林并不高大，树干一般都有碗口粗细，植株间的密度很大，人穿行于其间，总是被胡杨树的枝条所阻挡。但这里的胡杨原始粗矿，虬枝如麻，显示了蓬勃生命力。

疏勒河流域的胡杨，成片成林，但鲜有高大粗壮的单棵胡杨。

双塔

　　"羌笛何须怨杨柳，春风不度玉门关。"唐诗这样写道。尽管春风不度，唐代的玉门关依然是兵家必争之地和交通要塞。随着时代的变迁，唐玉门关渐渐退出了历史舞台，消失在西北荒原中。从晚清时起，历史学家和学者们开始寻找盛唐名句中的玉门关。晚清时期的史学家陶保廉最早将唐"玉门关"的大致范围定在甘肃省瓜州县双塔堡遗址以西、兔葫芦河以东，清朝时，这里建有双塔堡，堡内有庙宇、城楼等建筑。20世纪40年代，中国考古学家夏鼎、向达率西北科学考察团历史考古组在河西走廊进行考古调查，认为唐"玉门关"在双塔堡附近。

　　双塔水库位于瓜州县城东45千米处312国道南侧，因建于双塔堡而得名。双塔水库的东边是极富生机的广阔绿洲，而西边则是茫茫的荒漠，分界线异常的明显，就像两个完全不同是世界。夏秋季节，景区一片碧绿，野鸭成群，宛如一块硕大的绿宝石镶嵌在戈壁深处，尤其是一片片胡杨林，金黄灿烂的叶子，像是一片栖息于大漠戈壁的霞光，惹人喜爱。

疏勒河像一匹狂放不羁的野马，但到了瓜州双塔水库，波光粼粼的水面，就如同一块蓝色的绸缎。

苜蓿烽

虽然玉门关址今已淹没在碧波荡漾的双塔水库中，但唐代诗人们讴歌玉门关的千古名句至今还回响在我们的耳畔。天宝八年继王昌龄之后唐代大诗人岑参滞留苜蓿烽时正逢新春，不免暮然思亲，写下了充满哀怨离愁的《题苜蓿烽寄家人》："苜蓿烽边逢立春，葫芦河上泪沾襟。闺中只是空相忆，不见沙场愁煞人。"诗人还写了《玉关寄长安李主簿》："东去长安万里余，故人何惜一行书。玉关西望堪断肠，况复明朝是岁除。"

诗中所记述的葫芦河就在瓜州县布隆吉乡西 26 千米处，自南向北流淌，属疏勒河古河道，因玄奘大师西行取经夜渡葫芦河的故事，而使这个风景秀美的河道声名远扬。双塔村就依傍着这条古河道由南向北一字排开。现在的葫芦河就好像路边的一个小池塘，不是特别留心的人都不会注意，不过葫芦河岸边的芦苇非常茂密，再加上瓜州出了名的大风，芦苇荡就像翻滚的波涛一浪高过一浪。

唐代贞观年间，著名僧人玄奘不顾朝廷禁令，自长安出发西行取经，辗转来到瓜州，恰朝廷不许僧人出关的牒文到达该地，瓜州刺史独孤达、州史李昌亦笃信佛教，撕毁朝廷牒文，帮助玄奘买马一匹并找胡人向导，趁天黑出

发，三更到达葫芦河，该河下宽上狭，水流激湍，无法通过。即砍树几棵，铺草垫沙，过了此河，道经莫贺延碛，最后到达印度，完成取经宏愿。

　　在葫芦河，一丛丛芦苇在水中摇曳，但在河岸不远的草原和沙滩上，却有一片片胡杨林，这里的胡杨林虽植株稠密，但大都碗口粗细，属于胡杨幼林，它们与葫芦河一起，在荒漠戈壁，营造着人间美景。

胡杨树、烽火台、
芨芨草，广阔的原
野，荒芜而苍凉。

锁阳城

　　锁阳城里有锁阳，但要走进锁阳城，却要穿越沙漠中的那一片胡杨林。因为胡杨，我记住了锁阳城，因为锁阳城，我记住了瓜州的历史。

　　瓜州县锁阳城镇东南戈壁荒漠中，海拔 1358 米的山前冲积带，大片茂密的红柳丛中，掩映着一座庞大的古城。这，

锁阳城城东约1公里处有一片土塔林，当地人称之为塔儿寺。据史料记载，塔儿寺是唐、五代及宋元时瓜州地方官员及百姓进行祭祀的宗教活动场所。如今只保存大小塔十一座，历经风雨剥蚀，已残破不堪。

就是锁阳城。

在这人迹罕至的荒芜中，怎么会有一座庞大的古城池？这样一座古城池它往昔的辉煌，又是一种怎样的情形？一层层迷雾，在微风吹拂的红柳中，显得扑朔迷离。

从绿洲走向戈壁，从戈壁走向一座古城池。两千多年的沧海桑田，我们无法从景色单调的荒漠中一一阅读，我们只能从浩繁的典籍中，寻找蛛丝马迹。

汉武帝一鼓作气荡平了北方匈奴的侵扰之后，又以大无畏的气魄，在河西走廊筑长城、建四郡、据两关。在宏大的历史背景中，一座城池拔地而起，阡陌纵横，高大雄伟的气势，夺人魂魄。

公元前 111 年，对于锁阳城来说，充满了无限的机遇。这一年，汉王朝置敦煌郡冥安县；《晋书·地理志》记载："元康五年，惠帝分敦煌郡之宜禾、伊吾、冥安、渊泉、广至等五县，分酒泉之沙头县，又别立会稽、新乡，凡八县为晋昌郡。"由此冥安县治升格为晋昌郡治，这就不免对城址的规模、建筑规格、防御功能等方面提出新的要求，于是就从原来低洼潮湿，不利防守的旧城冥安县治迁到了锁阳城新址。

一座城池从此掀开了辉煌的一页，那时候的锁阳城，居于阡陌纵横、绿阴绕野的古绿洲中心，是丝绸之路上雄踞酒泉（肃州）与敦煌（沙洲）之间，西通伊吾、北庭，南通青海的政治、经济、文化中心。

那么，几个世纪以来，名震西域的锁阳城怎么就彻底衰败，继而就荒芜了呢？

今天，人们所知道的锁阳城，其名称的来历，始见于清代小说《薛仁贵征西》，因锁阳曾解救过被困锁阳城的三军将士性命而得名。这是一个惊心动魄的故事，说是初唐时，太宗李世民命太子李治和名将薛仁贵进征西域，兵临城下，一举攻克此城。不料，却被哈密国元帅苏宝同大军层层包围，虽经苦战仍不能突破重围，只能固守待援，苏宝同一看不能即刻取胜，便下令断绝上流水源、逼河改道，使锁阳城一带的田园荒芜，在外无援兵、内无粮草的情况下，薛仁贵发现城区内外遍生锁阳，块根肥满，既可充饥，又可解渴，便令士兵掘而食之，一直坚持到援军赶来解围之时，因纪念锁阳城解救三军将士性命一事，就把苦峪城改为锁阳城。

可见朝代更迭的年代，锁阳城都是烽火连绵的战场，到了明朝，封闭嘉峪关，关外瓜州被遗弃。锁阳城遂被吐鲁番满速儿部落占领。其后蒙古、哈密等地少数民族群雄角逐，战争的侵扎，使锁阳城生态遭到了毁灭性的破坏，逐渐荒废。

就这样，一座城池留给我们的只是夕阳的灿烂和夕阳下残垣断壁的诉说。尽管如此，走进锁阳城遗址，我们仍然能够辨别出昔日的辉煌。

地理环境的险要，据守要冲的威严，城市布局和建筑艺术的雄伟壮观，建筑密集，其强烈的整体性、封闭性和防御性的特征，都使它不失为中国古代西部城市当中最具特色的典型标本，说它是目前我国保存最为完好的汉唐故城，一点儿也不为过。

人的纪念碑是历史，历史的纪念碑是人。锁阳城这座宽广无比的纪念碑，那些坚忍不拔的屹立荒野的遗迹，正是人与历史的共同写照。

鸟瞰锁阳城，内城是不规则四边形，长宽竟有一里许，面积 28.5 万平方米。残存的墙基宽 19 米，残高 9~12.5 米不等，顶宽 3~4.5 米。城内偏东筑有一道隔墙，将内城分为东城和西城两个部分，隔墙北段设有城门，是通往内城东西两部的通道，东侧和南墙各有 5 个马面。内城四角均有角墩，西南角和西北角各设一个瓮城，西墙中段和北墙中段各开一城门。城门处均有瓮城护卫，从四个瓮城设置的方位看，这里是城市建筑的重点防区，这一独特的形制在国内尚属首例。

在内城西北角，有用土坯砌成的一座瞭望墩，高达 18

这一个角墩是锁阳城的标志性建筑，它地处锁阳城的西北面，高耸于锁阳城的城墙之上。

米，这是锁阳城遗址的标志性建筑，也是该城瞭望敌情、俯瞰全城的制高点。

内城的西城布满了大大小小的房屋遗迹和灰碳层堆积物，内城的东城相对平坦，房屋遗迹和灰碳层堆积物相对较少，从内城的东城和西城的位置及遗迹看，东城为衙署所在地，也是该城最高指挥机关的所在地，西城应为低一级的军政管理人员的居住区和活动区，从西城残存的灰碳层遗迹看，也有部分锻冶作坊炉灶的遗迹。

外城平面呈不规则长方形，东墙长 530.5 米，西墙长 649.9 米，南墙东段长 497.6 米，南墙西段长 452.8 米，北墙总长 1178.6 米。墙基宽 4~6 米，残高 4~11 米，外城的西墙中段和内城西北角墩处有一道东西向的墙体，将外城分为南北两城。从建筑规模与现存遗迹看，外城应为唐代鼎盛时期的建筑遗迹，该墙体被损毁后，后期没有明显的修补夯筑痕迹，城墙坍毁部分约占全城三分之一，尤其是外城的南城损毁最为严重，损毁的主要原因是该城南面山前的暴雨形成的洪水将墙体冲毁，外城内的房屋建筑遗迹多被洪水冲毁，只在南城的东侧可见部分建筑物和院落遗迹。

如此规模的城市，既有军政管理人员和军卒，又有各种作坊和市民，据专家考证，锁阳城的鼎盛时期，它的居民大约十万余人，十万之众，人们的生活供应和精神需求是如何和谐统一的呢？

在内城东、南、北墙外侧我们看到了一处特殊的建筑，这处建筑墙体残高 1.6~3.2 米，墙体厚度 1.5~2.2 米，属于内城的附属建筑，是唐代城市形制之一。这就是羊马城。

羊马城是做什么用的呢？它不仅是战时的防御工事，还是整个城市的养畜之所。夏秋季节，羊群和战马可以放牧原野，到了冬春和战时状态，羊和马安居于羊马城，既安全又环保。

锁阳城东南 51 千米处的昌马冲积扇缘山口处的河流，发源于青海省的疏勒南山，汉代称冥水，唐称籍端水，独利河，苦水，清代称疏勒河，为锁阳城提供了丰富的水资源，也为锁阳城周边的农业开发创造了有利条件。锁阳城一带保存了我国目前最完好的汉唐时期的农业灌溉体系遗址。这个遗址包括了众多的疏浚工程、拦水坝（都河）、总干、支渠、斗渠、毛渠等。据粗略估计，锁阳城干渠和支渠的总长度大约在 90 千米，在干渠和支渠的两侧，随形就势，因地制宜，又修筑了许多斗渠和毛渠，灌溉了锁阳城周边方圆约 60 平方千米以内的耕地，据甘肃沙漠研究所统计，

这是锁阳城的航拍平面图，庞大的古城，只剩下大概的轮廓，荒芜的景象，让人唏嘘。

在汉唐时期锁阳城周边的可耕地大约 30 万亩左右。

　　有了畜牧，有了水，有了科学合理的灌溉体系，一座城池就有了繁荣昌盛的根基。

　　东距锁阳城城址一千米处，现存大塔 1 座，小塔 11 座，寺门南向，东西两侧保存了鼓楼及钟楼建筑台基各一座、僧房数间，院墙平面呈正方形，面积 10000 平方米，这就是塔尔寺。

　　寺院前部中心位置有大型庙宇建筑台基，其北面有一座高 14.5 米的大塔，用土坯砌成，白灰抹面，大塔的造型与高昌古塔较为相近。塔形庄严雄浑，十分壮观。据当地老人说：

20世纪40年代，塔身被俄国人拆开，盗走大量的经卷及字画，数月内，散落的经卷还遍地飘零。据《大慈恩寺三藏法师传》记载，高僧玄奘法师赴印度取经路过瓜州，在此讲经说法月余。塔尔寺遗址是唐、五代时期，瓜州城官员和居民进行宗教活动的重要场所，据说"凡有许愿，莫不灵验"。

至此，一座城池已经为我们展示了暗藏于荒野中的奥秘，同时，它璀璨夺目的精神世界，也为我们提出了未来的命题：文明之所以为文明，在于它是人类共同的美、共同的见证、共同的价值观，哪怕是一处小小的遗迹，我们都应该小心翼翼地呵护它。

瓜州东千佛洞

在长山子的峡谷中，有一条峡谷中，布满了胡杨的枯枝败叶，在那枯枝败叶之上，生发了许多幼枝，给整个荒芜的峡谷增添了些许生机和春意，尤其到了秋天，胡杨树的叶片金黄金黄的，给峡谷镀上了一层金箔。

从山谷走向洞窟。光秃秃的山崖，目光扫过去，就能立刻停留在几处洞窟的门帘，沿着缓缓的山坡拾级而上，走进幽暗的洞窟，你会眼睛一亮：一幅壁画上，观音菩萨宛如一位盛装的美丽少女，自由自在地坐在水边石上，有时她的一只脚还下垂踏着水中的莲花，观音的身后有很大的圆光。天上的暮色苍茫之中挂着一轮明月，观音菩萨正在俯视着碧波中的月亮倒影。在绿水的远处，是峰峦叠嶂，再加上整个画面之中云烟缭绕，使人们仿佛身临缥缥缈缈的仙境一般。

这就是水月观音，纯洁的东方神女。在如此荒芜的山谷，纯粹的宁静中散发着纯粹的美。

据历史记载，水月观音像最初是由盛唐著名画家周昉创作而成，它参考了一些《华严经》等书中的描述。"净渌水上，虚白光中，一睹其相，万缘皆空。"如同唐代著名诗人白居易的描述，这里的水月观音画使信徒们不仅可以从中得到美的享受，还能自然悟出画中的哲理。

这些壁画出自甘肃瓜州东千佛洞，当岁月的风尘散去，它隐藏了一个王朝宁静的笑容和梦想。

长山子是东西走向，峡谷南北横亘，这里地处偏远而鲜有人迹，戈壁和荒漠，隔绝了它与现世的联系。在峡谷的悬崖断壁上，分布着几座洞窟。这些洞窟，大部分就是西夏开凿的。这些洞窟统称为"东千佛洞"。

东千佛洞，又名接引寺，因位于敦煌千佛洞和安西榆

林窟以东而得名。洞窟开凿于长山子北麓的古河道两岸，现存23窟，东崖9窟，西崖14窟。保存有壁画塑像的9窟。

东千佛洞始建于西夏时期，这与西夏时期在安西（古瓜州）设立瓜州西平监军司有密切的关系，这里一度成为统辖河西地区政治、军事和文化的中心，这也是东千佛洞的西夏佛教艺术远胜于敦煌莫高窟的重要原因。

东千佛洞坐落在荒僻的山野河谷之间，并不代表参拜者的稀少，相反，愈是旷远之地，它所蓄养的宁静，才能冲淡尘世的烦扰。从窟区内发现的修行窟和僧侣墓穴来看，从东千佛洞风行开窟之时，入山修行就已蔚然成风。东千佛洞远离村镇，从山谷抵达最近的绿洲也要二三十千米，善男信女们在这里打了四眼水井，现在水井的遗迹仍清晰可辨。在这样干旱的山谷，地表和地下全是坚硬的鹅卵石，要挖出一眼井来，多么不容易。这其中，渗透了修行者的功德。

从河西和全国的西夏壁画艺术综合情况来看，东千佛洞的佛教艺术代表了西夏佛教艺术的最高成就。为什么在如此偏远荒芜的山谷，会留下西夏王朝的心灵史呢？

西夏帝国是公元 11~13 世纪，在我国北方建立起来的以党项族为主体的少数民族政权，共历 10 帝，享国 190 年。在政治、经济、文化等方面都取得过辉煌一时的成就。疆域最盛时"东尽黄河，西界玉门，南接萧关，北控大漠"。辖境相当于今宁夏全境、甘肃青海大部、陕西北部和内蒙古西部及蒙古西南部等部分地区。

在建国的 190 年时间里，西夏为我们留下的文化遗产数目是相当惊人的，而佛教的石窟寺艺术就是其中灿烂的一页。河西走廊地区自古以来就富有开凿石窟的传统，到了西夏，由于缺乏能工巧匠，因此，西夏时期的石窟在相当程度上是对北宋原有艺术的学习模仿，并且对过去的石窟寺加以保护、装饰和利用。到了中期以后，才逐渐孕成了具有党项民族风格的壁画艺术。穿着党项民族装的世俗供养人也手拿着鲜花，堂而皇之地被画到了庄严佛殿的壁墙之上。

公元 12 世纪下半叶，西夏国发生了内乱，当时的皇帝李仁孝一度被迫迁居到了敦煌和瓜州一带，整日地祈祷佛祖保佑，大造功德。于是，西夏独力开凿的新洞窟，就在这个时期出现了。

想当年，西夏的铁骑横扫河西，这寂寞的山野，肯定是忽略不计的，偏远而荒芜，注定了它的寂寞与萧条。只有那些苦苦追寻真理的信徒们，他们的信念找到了归宿，内心的宁静与这里的环境合二为一，一阵抑制不住的惊喜更加坚定了它们的意志，风霜雨雪，夏天的酷热、冬天的寒冷，都没有击退他们，他们叮叮当当的开凿之声响彻整个山谷，如同他们的誓言，在陡峭的山崖，留下了辉煌的篇章。他们中间，可能有国内一流的画师，有流浪的苦力，有虔诚的皈依者，开凿洞窟的花费，除了修行人的无私奉献，西夏的贵族和豪门是第一出资人，亦不排除政府的投资。

高僧在西夏具有很高的社会地位，供奉高僧是西夏社会的普遍习俗。在东千佛洞，肯定有不少的高僧前来参禅悟道、讲经说法。就像第四窟，其窟形和壁画布局同佛窟相似，但在中心柱正壁开凿一覆钵塔形龛，画一身高僧像，这种形制通常用于舍利塔，是为了纪念某高僧而建造的影窟。

东千佛洞西夏窟的形制多为中心柱窟，由前室和后甬道两部分组成，也有的洞窟在窟后外侧又开凿可以绕行的通道。

观音曼陀罗、文殊变、普贤变、净土变、药师净土曼陀罗、水月观音、供养菩萨、八臂观音、十一面观音、绿度母、金刚、力士、接引佛、舞伎……壁画虽已斑驳，但那些佛界人物却栩栩如生。东千佛洞壁画的宗教内容，汉藏结合，显密双修。从绘画题材上看，有宗教故事画、尊像画、经变画、各种曼陀罗、供养人、伎乐、装饰图案等。从内容上看，主要表现释迦的成道和寂灭。尤其是几幅涅槃变，惟妙惟肖，万千情状，跃然纸上：诸天人众闻知释迦将涅槃，纷纷前来做供养，释迦寂灭，神态安详；诸天弟子举哀，悲痛欲绝，神态各异，生动感人，或泪流满面，或抱头痛哭，或咬断舌头，或抓破脸面，或昏厥不醒，或悲痛过度……

实际上，这条山谷最浪漫的色彩，已经定格在黑暗的洞窟里了，无论是那些艳丽的壁画，也无论是那夸张的雕

瓜州东千佛洞壁画中的"净土变""药师变""说法图""文殊普贤变""密宗曼陀罗"等壁画，表现手法独特，是佛教壁画艺术的精品之作。

胡杨
生命轮回在大漠

塑，尘封已久，没有了往日顶礼膜拜。斯人已逝，石窟长存，壁画和雕塑，倾注了党项人无限的情思与理想，让人感到无处不在的思想的力量。

西夏的画师们在这渺远的山谷忍受寂寞，把心中对理想世界的理解描绘于阴暗的洞窟，他们的内心是愉悦的、光明的。

我相信，那些愉悦和光明，有一部分，是胡杨赠与他们的。

小宛

我一直没弄清楚这一带为什么叫小宛，但走在那块土地上，总觉得一切都是那么熟稔：田野里的棉花，田埂上的甘草，四处蔓延的苦豆子，这些都是明显的盐碱地带的植物。我和的故乡的情景一模一样。而唯一迥异的风景，就是这里有大片大片的胡杨林。

著名作家杨显惠就是从小宛农场走出来的，他回忆自己当年的情景时说：农场周边的胡杨很多，大概有数万亩，这个数字听起来让人惊讶，因为今天看来，胡杨林的分布还算是稀少，可能是大量砍伐的缘故。

沿着疏勒河，进入瓜州地界之后，就能看见胡杨林了，我指的是秋季，这个季节，即是你在公路上疾驰，透过汽车的车窗，也能目睹那金黄色的林带，这就是胡杨林。有一年秋天，我沿着疏勒河漫游，特别地走进了疏勒河谷。这不是一般意义上的河谷，这样的河谷幅面达百米，高度达四五十米，壮观、险峻，谷内有河道和河洲，即使枯水季，也有长流不断的溪水，因而谷内植物茂密，尤其是红柳和胡杨居多。

河谷里很静，静得能听见溪流的哗哗声，能听见植物丛中小虫子的叫声，此刻坐在河洲的一块石头上，欣赏胡杨秀美的叶片，仿佛置身世外。河谷的胡杨林因为优越的自然环境，树木间距狭小、枝丫茂密，与生长在戈壁沙漠上的胡杨判然两途，胡杨所装点的世界完全是水灵灵的，全然没有一丝丝荒芜的气息，倒像一个世外桃源。

河谷里有野羊走过的小道，从这个小道可以走进胡杨林深处，往往一块小小的河洲上，就是一片胡杨林，胡杨的树干虽然不是多么粗壮，但它们密密麻麻地簇拥在一起，

疏勒河所流经的小宛一带，自古为水草丰美的草原，新中国成立后大面积开荒，使荒野变成了米粮川。

像是原始森林一般，有一种神秘气息扑面而来。等我们从河谷走上河岸，居高临下，俯视河谷，我们才发现，那一团亮晶晶的黄色，是一片发酵的阳光。

小宛是疏勒河流域众多军垦农场中的一个，在河流的两岸，在田野的外围，都有很多古老的胡杨树，它们遮挡了风沙，保卫了农田，是农垦时代最后的守望者。在小宛，说起胡杨林，一些军垦老人总是一往情深，说他们刚到农场时，到处都是胡杨林，到处都是沼泽地，疏勒河的水怎么流都流不完，流不尽，仿佛有无穷无尽的水，现在不一样了，到处都缺水，缺水，庄稼长不好；缺水，很多人工栽植的树木都枯死了，好在胡杨的生命力顽强，在盐碱地，在干涸的年晨也能挺过来。现在，人们是越来越认识到了胡杨树的作用，不轻易砍伐它，有了胡杨树，风沙就被挡住一些。一年一年的沙尘暴也就不会刮得遮天蔽日，阴森恐怖。

在小宛，胡杨林也有悲情的故事。说是一对知识青年因为自由恋爱而被组织干预，原因是男青年出身不好，而女青年红根红苗，他们要走到一块，那简直就是银河两端，无奈之下，他们选择了抗争，用死亡来捍卫爱情，在一棵歪脖子

胡杨上，两个人双双上吊自杀，从此之后，胡杨林中，总有一对恋人的影子在树枝间飘荡，尤其是秋天胡杨树叶金黄金黄的时候，人们就感觉到他们还活着，就住在胡杨林里。

小宛是农垦人的家，也是原始胡杨林的聚集地，农垦人就像胡杨一样，几代人在荒滩碱地扎根，有着旺盛的生命力。

瓜州的极荒漠保护区

常常去瓜州的锁阳城，去锁阳城的时候要路过一片生长着牧草和野生植物的大草滩。开始的时候并不知道这就是瓜州的极荒漠自然保护区，只是觉得这片荒野极具野性，极具特色。后来，在进入荒野的道路上立了一块明显的标志牌，上书"瓜州国家级极荒漠自然保护区"。原本荒野上有许多羊房子，也有成群的羊和马，自从有了保护区的牌子，道路两旁设立了铁丝网，牧人就不见了。

这块极荒漠保护区，完全不是那种任人宰割的荒凉，所有的植物都在努力地生长着，哪怕是一棵小小的草，只

胡杨　生命轮回在大漠

在戈壁荒野，苍茫一片，给人以毫无生机的印象。然而在这种环境下依然有生命的抗争。

要有一点点雨水，它都极尽所能。高大的红柳和梭梭，匍匐于地的冰草，还有相间于红柳、梭梭和冰草之间的骆驼草、白刺、芦苇，植物的层次鲜明，尤其是在秋季，晴空万里，草木金黄，这里有一种心醉的美。

我查阅了许多资料，也请教了当地的环保工作者，对于这块国家级的极荒漠自然保护区，有了进一步的了解。它是石质山岭与山间盆地相间的荒漠戈壁和荒漠型山地。南部为鹰嘴山，北部有玉石山、照壁山、红石山、星星峡东山。保护区地处亚洲内陆深处，气候条件干旱而多风，仅有间歇性干河床，无常年流水河流。年降水量南片多年平均 54.8 毫米，蒸发量 2758.5 毫米，为降水量的 50 倍；保护区野生植物有 57 科 347 种。植被类型属温带极干旱荒漠，代表物种有泡泡刺、膜果麻黄、蒙古沙拐枣、白沙蒿、中亚紫菀木、细枝岩黄芪、裸果木等，它们大多是古地中海地区的残遗种。国家二级保护植物有裸果木、肉苁蓉；国家三级保护植物有梭梭、胡杨等。保护区野生脊椎动物有 152

种，其中国家保护动物有 26 种，一级有雪豹、蒙古野驴、北山羊、黑鹳、金雕、胡兀鹫、小鸨；二级有黄羊、岩羊、猞猁、草原斑猫、天鹅、鸢、雀鹰、黄爪隼、红隼、灰背隼、暗腹雪鸡、蓑羽鹤等。我去过多次，除了牧人的马和羊之外，没有见到任何野生动物的影子。也许它们昼伏夜出，也许它们的数量已经极少，不得而知。

　　"穷荒绝漠鸟不飞，万水千山梦犹懒。"身处荒漠，总有一种大气磅礴的观感。盐碱滩上，人的视野穷尽处，是苍茫的天际，天际下还是散乱的草和红柳。锁阳城的红柳是一绝，在规模上连成一片，长势上茂盛无比，可以用密密麻麻来形容，三四米、五六米高的单株比比皆

是。在一位老人的带领下，我们挖了不少的锁阳。老人熟悉这里的情况，刨开一个鼓起的小包，就是一堆秘密生长的锁阳。

历史上，保护区北片的野马井周围曾是野马生活过的地方。如今区内分布着盘羊、北山羊、雪豹、猞猁、鹅喉羚、岩羊、草原斑猫、赤狐、高山雪鸡、雉鸡、沙鸡等珍禽异兽。我想象着古时候野马奔驰的情景，心里不由得一阵激动。

荒漠是人类与自然关系的镜子，通过这面镜子，可以看见人类自身的理智与无知。无论如何，那片碱滩，那片碱滩上的红柳，那片红柳丛中的胡杨，有了属于自己的领地。也但愿它们的生长，是自由的、可爱的。

瓜州国家级极荒漠自然保护区的生命是顽强的，也会向人们展现出充满生机的一面。

瓜州一带的胡杨

在古代，中国的地面上，叫瓜州的地方很多。比如王安石的"京口瓜州一水间"，就有一个瓜州。一般"瓜州"的由来可能与瓜有关，古代丝绸之路河西段的瓜州和敦煌的情形就是这样的。

先说瓜州。瓜州被戈壁和荒漠包围，日照时间长，光热资源充足，加上土地基本上是沙地，昼夜温差大，有利于瓜果糖分的积累，自古就是种瓜的好地方，所以有了"瓜州"的美誉。我多次在安西逗留，一方面考察研究那里数百处文物古迹，一方面则贪恋那里的瓜果。

瓜州有名的瓜是"黄瓜"，所谓的"黄瓜"是通体金黄的一种甜瓜。瓜的个头中等，但果肉鲜嫩甜美，是一等一的好瓜。在很长一段时间，瓜州瓜只在当地和周边有名。那些古代的商旅、使者，在路过瓜州的时候，品尝瓜州的瓜，赞赏溢美之词，也没有留片言只语。

瓜州一段时间曾叫安西，是通往新疆的门户，唐时就已经为中原政府所重视，那时，曾一度控制过西域的军政管理机构的首府，就叫安西都护府，在唐代边塞诗里我们常常可以看到。另外，隋唐时期的玉门关，就在安西境内，可见其军事地位的重要性。安西，是安抚西域民族的意思，比起瓜州来，有了一层政治含义。近代以来，安西作为内地进入新疆的大本营，其作用越来越不可忽视。关于这方面的内容，英国探险家斯坦因在其《瓜州绿洲及其历史重要性》一文中说："安西清楚地显示出，它将其自身的重要性仅仅归结于作为自甘肃至哈密以及新疆道路上的沿途供应站中的最后一个，是远远不够的。敦煌则更不用说，如此盛大辉煌的名字，正应和了汉唐时期敦煌的博大气象，何必叫瓜州呢。"

从前的历史，也许只有瓜州城郊的那一片古老的胡杨林，把它深深地镶嵌在了自己的年轮里。春、夏、冬3个季节，这些胡杨树和绿洲上别的树种没有什么区别，到了秋天，其他的树木呈现出枯萎的样子，它才吐露让人心醉的生机。黄澄澄一片，吸引人们的目光。

在国道312线上行走，秋天的胡杨总是用金灿灿的叶片吸引行者的目光。从小宛农场场部进入一望无际的田野，戈壁的边缘则是成片的原始胡杨林。别看这片胡杨林植株只有碗口粗，它们已经是生长数十年的"老树"了。

听这里的老人说，在20世纪50年代初的时候，小宛到处都是胡杨树，也有枝干很粗的胡杨树。后来开垦荒地，大部分的胡杨树就被砍伐了，只剩戈壁边缘的胡杨树遮挡风沙。实际上的防风林带，因而得到了很好的保护。

秋天，小宛的棉花成熟了，棉花地的周围大都是胡杨树，白的棉花，黄的胡杨，劳动的人们，这是小宛胡杨景色的独特之处。

桥湾一带疏勒河河谷中的胡杨

敦煌遥遥在望的时候，桥湾孤独的立于荒原大漠，好在疏勒河并不厚此薄彼，它那涓涓清流，在桥湾古城下的洼地，荡起如浪的碧波。

桥湾古城的历史并不遥远。传说这是一座曾经出现在康熙大帝梦中的城池，它装点了一个帝王的梦想，留下了一段警示。

在桥湾古城的简易博物馆里，我们看见了一面用人的头骨和人皮制作的鼓，故事的结局充满了恐怖。

一个帝王和一座城池的联系，突破了时空阻隔，梦的翅膀终于飞越万水千山，落入古敦煌的地界。

梦是这样涂抹了诗意，无边的沙漠，托起一片闪亮的绿洲，清水接环，向西流逝。四棵参天大树，浓荫伞盖，树梢挂着金光耀眼的皇冠、玉带……

一场寻梦的运动开始了，皇族的威严，腾起无边的烟尘，桥湾一带的宁静破碎了。

大规模的拨款，引起了督造者的私欲。桥湾太遥远了，遥远得有点无法想象，即使建造一个无比豪华的行宫，又有谁来看一眼呢?

事情就出在这样的漫不经心上。结果，督造者体无完肤，人头落地，成了今天的人皮鼓。绝无仅有的惩处，我们看到它，仍然是扑面而来的威严。

然而，这仅仅是康熙做的一个梦，这仅仅是一个奇异的传说。

从桥湾城走进深深的疏勒河河谷，在河流冲积而成的小洲上，被各种密集的沙生植物簇拥着的胡杨树是真实的。

那些胡杨树，矗立于宁静的河谷，一场秋霜降临，葱郁的叶片，就一夜间走红。

桥湾一带的疏勒河河谷，有峡谷的凶险，亦有河流舒缓的柔情。可惜，匆匆的过路客，没有人会停下脚步，去观赏这一美景。

也许是河谷里有充足的水源，这里的黄叶期更长，一般会持续近1个月。只不过这奇异的风景地处河谷地带，不为人所知。只有探险者才会一睹河谷与胡杨的壮观景色。

我在数十丈之上的河岸，看见了枯死的胡杨根系，虽然它们已经在暴烈的阳光下皲裂，但粗大的枯木，仍然能够让人想起曾经生机盎然的胡杨树。

从桥湾城的一侧看过去，疏勒河绕城而过，远处的红柳和胡杨树秋叶缤纷。

胡杨
生命轮回在大漠

4. 敦煌胡杨

　　在中国的大西北，今甘肃省河西走廊的最西端的敦煌，是古代中原进入西域的门户。古敦煌的地域范围，包括党河流域和疏勒河流域的广大地区，这里曾是连接着东西方文化的陆上丝绸之路的必经之处，在中国历史的舞台上扮演着重要的角色。其历史更是源远流长，从新石器时代的刀耕火种到两汉时期的归汉设郡，从魏晋南北朝时期的几易其主到隋唐时期的闾阎相望，从吐蕃时期的大力弘佛到归义军时期的苦心经营、西夏元明清时的日渐衰落；可以说敦煌展现出了中国各个不同时期的风貌。

　　敦煌有人类活动的历史可以追溯到距今四千年前的新石器时代。《尚书》中就曾有"窜三苗于三危"一语，这里的"三危"就是敦煌。元狩二年（前121年）春，将军霍去病率军越过祁连山，进击河西走廊的匈奴。同年夏，霍去病再次进入河西，重创匈

莫高窟位于甘肃敦煌，俗称千佛洞，以精美的壁画和塑像闻名于世，被称之为"佛教艺术宝库"。

奴。汉王朝于同年置武威、酒泉二郡，敦煌地区归酒泉郡管辖。元鼎六年（前 111 年），分武威、酒泉两郡之地，设张掖、敦煌二郡。并在此时将长城从酒泉修筑到敦煌以西，于敦煌郡城的西面，分设玉门关和阳关，扼守西域进入河西和中原的大门，完成了"列四郡，据两关"之势。河西地区从此正式归入汉朝版图。

在一片浩瀚的沙漠中，有一块晶莹璀璨的绿洲，这块绿洲，它所凝聚的不仅是绚丽的生命，而且，随着高山峡谷中雪水的碧波，党金果勒河、疏勒河巨大的冲积扇，把中国、印度、伊斯兰这样历史悠久、自成体系的三大宗教文化统摄于一体，形成了自己多彩多姿而又独特的文化体系，这一体系在封闭的沙漠中，并没有死水一潭，而是极具魅力地四面辐射，如同那广阔的平原上，奔腾不息的绿色，带动的是万物的生机，带来的是瓜果飘香、谷禾旺盛的生命魅力。正所谓："雪山为城，青海为池，鸣山为环，党河为带，前阳关而后玉门，控伊西而制漠北，全陕之咽喉，极边之锁钥。"这时候，我们所看见的敦煌绿洲，就不仅仅是一个弹丸之地，在西部广阔的荒凉之中，它是一双凝视的眼睛，是能够观望人心灵世界的眼睛。

特殊的地理环境，使敦煌这样一个偏远的绿洲，"国当乾位，地列艮墟，水有悬泉之神，山有鸣沙之异，川无蛇虺，泽无兕虎，华戎所交一大都会"。在那些如火如荼的岁月，敦煌成为西通西域的出口，同时，也是中亚、西亚乃至欧洲诸国到中国内地的入口处。"敦，大也；煌，盛也。"那时候，敦煌盛大辉煌的景象无可比拟。不同服饰、不同肤色、不同的语言的人们，不远万里，来到的敦煌，激烈的胡腾舞，幽雅的词赋咏唱，竟是那样的和谐，竟是那样的如出一辙。人们的精神境界，冲破一个又一个封闭的圈子，在敦煌，不断地调整，不断地升华，像那纯洁高贵的莲花座，散发着人类智慧的光芒。难怪有人断言："世界上历史悠久、地域广阔、自成体系、影响深远的文化体系只有四个：中国、印度、希腊、伊斯兰，再没有第五个；而这四个文化体系汇流的地方只有一个，就是中国的敦煌和新疆地区，再没有第二个。"这，就是横贯欧亚经济文化大陆的丝绸之路上的敦煌；这，就是西部腹地作为历史文化博物馆的敦煌。敦煌，世界历史上的文化奇迹，中国西部历史与现实的文化象征，人类精神的童话寓言。

始于公元 4 世纪的敦煌宗教文化，在这个核心之外的更广阔的地域，早已如同一棵大树，它粗大的根系，延伸到了整个西部包括中原乃至世界，人们在一条充满诱惑充满凶险的道路上，一心向着敦煌这片戈壁上的绿阴，那绿阴下的泉水，能够滋润焦渴的心田。

敦煌，一个聚集和屯住光明的地方。

文化的汇流，无垠的沙漠和戈壁，无疑是天然的鸿沟，然而面对无尽的艰险、死亡，激发人们前赴后继逾越这条鸿沟的，是敦煌。美妙无比的极乐世界，一种十收的富足，竟连树上、草上，也结满了衣服；那裙裾飘洒、婀娜多姿的飞天，是自由欢快的精神象征；温柔善良、美丽可爱的九色鹿，是人与人和谐关系的化身；微笑的佛、端庄的菩萨，是世界的秩序和法度……这些仿佛是梦中的情景，与苦难的现实，形成了鲜明的对照。这时候的敦煌，则是人们心灵的家园。

一望无际的沙漠和戈壁，湿地、草原、湖泊、海子与大片的绿洲构成了这里独特的自然风貌。敦煌的地势，南北高，中间低，自西向东北倾斜，平均海拔不到 1200 米，市区海拔为 1138 米。敦煌处在塔克拉玛干大沙漠边缘，南枕雄奇壮丽的祁连山，北靠嶙峋蜿蜒的马鬃山和天山余脉，还有大量的盐碱地、盐原和雅丹地貌区。党河冲积扇带和疏勒河冲积平原，构成了敦煌盆地平原。祁连山的冰雪融水，是敦煌的命脉。

在这个群山环抱的盆地中，敦煌绿洲区好像一把扇子，轴柄在西南，扇面在东北，绿洲面积14万公顷，仅占总面积的4.5%，故有"戈壁绿洲"之称。由于这里太阳辐射强，光照充足，无霜期长，昼夜温差大，不仅是天然的"米粮仓"，更是各类瓜果生长的温床。敦煌出产的李广杏、鸣山大枣、葡萄、寿桃、西瓜、甜瓜等早已是闻名遐迩的西部特产。

敦煌古迹遍布，主要有莫高窟、榆林窟、东千佛洞、西千佛洞等景观。敦煌石窟有时特指莫高窟，素有"东方艺术明珠"之称，是中国现存规模最大的石窟，保留了10个朝代、历经千年的洞窟492个，壁画45000多平方米，彩塑2400多座。题材多取作佛教故事，也有反映当时的民俗、耕织、狩猎、婚丧、节日欢乐等的壁画。

莫高窟第254窟。该窟建于北魏时期，主室的平面呈纵长方形，正面设中心塔柱，塔柱四面开龛，洞窟前部为人字披顶，后部为平顶。南北壁上层各开五龛。四壁绘天宫伎乐、千佛、本生、佛传、金刚力士等，内容丰富。

胡杨
生命轮回在大漠

敦煌的自然风光更是充满灵异，这里的每一处风景都能让人流连忘返，这里的每一块石头都有一段脍炙人口的故事。号称大漠奇观的鸣沙山和月牙泉，沙与泉相互依存，沙淹水而水愈清澈，水衬沙而沙更妩媚。阳关、玉门关、汉长城，西风古道、断壁残阳……思古之幽情油然而生，大有"怆然而泪下"的历史沧桑感。

在这样一个自然环境与人文气象相映生辉的荒漠绿洲，胡杨是一道迥异的风景，从一望无际的戈壁进入敦煌，莫高镇的五个烽火台下，就有一大片的胡杨，沿途公路上，也种植了胡杨，是胡杨，迎接了远道而来的客人；在莫高窟，在玉门关、阳关，敦煌大地上到处都有胡杨的身影。

敦煌月牙泉和鸣沙山是敦煌自然风光中的翘楚。无垠的沙漠，高大的沙丘，一泓用不干涸的泉水，构成了沙泉共生的自然奇观。

盐碱地上的胡杨

就在田野和盐碱滩的过渡地带，那片林子像是一个封条，封住了村庄通往盐碱地的口子。所以从村庄看出去，只看见那片林子，荒芜的盐碱地则被完完全全地遮蔽了。

从我们记事起，那些树木就没有砍伐过，而村庄里的其他树木，都砍伐了好几茬了。在村庄，人们种下树，就是为了砍伐，老一代给下一代种树，也给自己种，给下一代种树，是要给他们修房子、打家具，给自己种树，是造老房，也就是做棺材。

那一片林子因为没有砍伐，毫无节制地生长，从一小片树木，到一大片林子，从稀疏的棵植到枝杈相连，已经和原始森林差不多了。

我们好奇地问长辈，为什么不砍那片林子里的树呢？父辈们说，这些树没啥用。

这是什么树呢？为什么在人们眼里没有一点用呢？

在我们的故乡，据老一辈人说，这样被称作"梧桐"的树长大后，树心就空了，早些年把树伐了，从中间一劈两半，就能做成两个水槽，这水槽主要用来给羊、马、牛、驴饮水，一个水槽要用好几十年，也用不了多少，所以，这样的树，就显得多余了。

但长在盐碱滩上的树不多余。梧桐树不仅填充了绿洲和荒漠地带的空白，而且那一片寸草不生的地方正好是风口，无风地卷土，有风土卷地，从风口蓬勃而出的风，吹得村庄灰头土脸，吹得庄稼无精打采，吹得树木枝叶凋零。在这片盐碱地上种树，不知道花了多少功夫。听老辈人讲，村上年年在这里栽树，年年都枯萎一大片，就在村里人灰

心丧气的时候，有一年春天，有一棵树竟然旺盛地生长起来，人们擦亮眼睛，发现那棵树是梧桐树。于是，第二年春天，这片盐碱地上就全都种上了梧桐树，奇怪，种上梧桐树之后，全都活了，而且越活越旺盛。

后来我才知道，这种树不是梧桐树，只不过它的叶子特别像梧桐树的叶子，其他的，就扯不上瓜葛。

一般的梧桐树，生长快，喜欢盐碱，木材适合制造乐器，树皮可用于造纸和绳索，种子可以食用或榨油，由于其树干光滑，叶大优美，是一种著名的观赏树种。所谓栽下梧桐树，不愁凤凰来，说的就是梧桐树的高贵。

胡杨树就不一样了，它的枝干粗糙皴裂，一树三叶，最低层的是柳叶，中间的是杨树叶，到了高处则是银杏叶。它的自然生长区域主要集中在戈壁大漠的盐碱地带，人工

[卷四] 古丝绸之路上胡杨的背影

219

种植也很容易。原来村庄的田埂地头，是有几棵胡杨树的，那时候，人们叫它梧桐树，取它的吉祥如意，就舍不得砍伐，把它引种到盐碱地，这些占据肥沃土地的胡杨树就被挖掉当柴火了。

村庄里的人早已习惯了大地上的风景，当胡杨秋色不断地被欣赏和炒作，村庄边缘盐碱地里的胡杨仍然默默无闻，尽管它们金黄色的叶片如同一面旗帜，高扬在荒漠之中，但劳动的人们还是埋头于土地，耕耘或收获。

探访莫高窟南区的胡杨林

每一次去莫高窟都是匆匆忙忙的，匆匆忙忙之中，抬头南望，总看见那片绿阴，若是秋天的时候，鲜艳的金黄色炫目多彩，徒然让人多了一份惦记。一直想着，再去的时候，把时间安排得宽松一些，去那里看一看。终于我寻得了这样一个机会，便一个人去了南窟。

莫高窟的旅游集中在中寺，那里有可供游人欣赏的几个代表性洞窟，而南区多少就显得冷清了。我沿着大泉河河提与小树林相间的小道，向着莫高窟南部走去。这些地方对于我来说，并不陌生，20 世纪 70 年代，我们的村庄承揽了莫高窟清理淤沙的活儿，作为补充村里经济的副业，父亲常年就在莫高窟，给村里干活的人做饭。父亲早年在兰州求学，学的是石油钻探专业，毕业那一年，全班学生全部分配到了东北大庆油田，父亲不愿意远走他乡，就回到了敦煌，成了一个地地道道的回乡知识青年。农活差一些，但做得一手好饭，而且还能讲很多老故事，其实就是《三国》《三侠五义》之类，只要有外出的活，村上的人都得邀上父亲，工分和出苦力的人一样高。父亲在莫高窟，我就自然能去看看父亲，在莫高窟住上几天。

　　我们家距离莫高窟也就是 20 多千米，穿过一片大戈壁就到了。那时候我们坐上一辆毛驴车，车上装满了各类蔬菜、粮食，我们赶着车，晃晃悠悠就走向了莫高窟。那时候，我们就住在南区，父辈们清理淤沙时，我们就在洞窟里窜上蹿下，看见那些怒目圆睁的魔鬼雕像也不害怕。南区的林子里有一片果园，杏子、梨、桃、葡萄应有尽有，我们就悄悄地采摘各种成熟的果子，那些日子是简单而快乐的。

　　离开故乡已经 20 多年了，如今，走在这条小道上，儿时的记忆犹在眼前。但那片胡杨林，却一点印象都没有。也许，它们那时还小，没有成林成片；也许，这里距离南区还有一

夏天的胡杨林，枝叶葱翠，坚守在戈壁沙漠的前沿，如同荒野中忠诚的卫士。

段距离，总之，那片胡杨林如同天外来客，诱惑着我。

胡杨林的规模不大，占据了南区的一块洼地，大泉河里的水正好能够流进来，滋润了干旱土地上的胡杨。从杂乱无章的情况看，这片胡杨林是野生的，有的横卧在林间空地；有的旁逸斜出，枝杈茂盛；有的粗壮挺拔、直冲云霄。这里正好是大泉河冲击带形成的小洲，积累了一些土层，因而草木密密匝匝，难以下脚。

秋天，气候转凉，第一场霜落下来，胡杨树的叶子就开始变得金黄了。也许沾染了莫高窟的灵气，这片胡杨林的叶子特别稠密，色彩特别艳丽，阳光照上去，又返照回来，散发的光线是嫩嫩的、鲜鲜的，温柔、可爱、可亲。

但是，很少有人来欣赏它，走进莫高窟的人，或许偶尔能看见南区的胡杨林的秀色，那也是微微一振、微微一叹，他没有时间去那里造访这个古老的树种，也没有人告诉他们，这就是赫赫有名的西部英雄树——胡杨。

黄金叶片下的凄婉

去过敦煌莫高窟的人，都被莫高窟艺术资源的博大精深倾倒，往往注意力集中在洞窟和窟区环境。其实在莫高窟也是观赏胡杨的好地方。

进入莫高窟窟区后，沿着大泉河（此河为疏勒河的支流）一直向南行走 500 多米，有一片树林，那就是胡杨林。这片胡杨林没有人能够说清楚它到底生长多少年了，从每棵胡杨的树径上看，无异于三五年生长期的白杨树。但长期生活在莫高窟的一位工作人员告诉我们，这片胡杨林是原始胡杨林，其生长的年龄可能数十年了。秋天的时候，它们和其他的胡杨林一样，同样有着金灿灿的色泽，同样有着凄婉动人的故事。

或许，在20世纪初，刚刚从南方定居于莫高窟的学者们，在研究和临摹壁画的间隙，忽然间看到了一丛敞亮的黄色，他们信步走去，在低矮的胡杨树下小憩，并顺手摘下一两片叶子，放入书中。每年的秋天，黄昏的宁静中，可能这里都会聚集一些人，他们中间，也许是常书鸿，或者是段文杰。

　　而我要讲的这个关于胡杨林的故事，它的主角是个年轻的女性。记得那一年，她22岁，大学毕业之后就分配到了敦煌莫高窟。那时候的大学生是天之骄子，许多单位都争着要，去个好单位不是什么难事，可女孩子就是喜欢莫高窟，尽管老师劝告，家长反对，她还是去了莫高窟。在女孩看来，莫高窟是一方艺术的圣地，即使在那里住一天，也是一辈子的幸事。

　　就这样，女孩子开始了自己的研究工作。最初，她常常是在资料室查找有关历史资料，并把这些资料分类整理，抄写在卡片上。

　　莫高窟是佛教东渐的产物，众多的石窟中不仅有众所周知的许多宗教人物雕塑，其石窟四面的墙壁上还绘制有色彩缤纷的壁画。一个人的前世、今生、来世，在佛的世界里，都有清晰的逻辑脉络。女孩子惊异于这样的世界观，很快就投入到了一个虚化但却很美妙的境界。

　　在这之前，女孩子是一个文学爱好者，写了许多散文和诗歌，在不少报刊上都有文章面世。到了莫高窟，女孩的文章似乎更多了，翻开一些文学杂志和当地的报纸，都能看到她的作品。莫高窟的神奇以及周围的环境，在她的文章中都有涉猎。有人曾预言，照她的势头，要不了几年，就会在创作上成大器。可惜后来，这样一个风华正茂的女孩去世了。

　　听女孩的同事讲，女孩在去世的前几个月，每天晚上不睡觉，在莫高窟窟区的树林间走动，折了许多胡杨树的树枝，把树枝上的叶片整整齐齐地贴在纸上，那样的纸，她贴了一大摞，在她平静地离开人世的时候，那些树叶陪伴着她。

这是一个凄楚的故事。

因为我与那女孩有过一段交往并成为好朋友，每次去莫高窟，我都要到那片胡杨林看一看，微风中，树叶哗啦啦的，就像一个人的脚步。对了，就像那个女孩的脚步，细碎而轻盈。

大泉河畔的胡杨林

初秋季节，我站在莫高窟对面的沙梁上，目光从九层佛阁的尖顶滑落，移向南面高大雄伟的三危山，不想，一片灿烂的金黄色吸引了我，使我不由得向那浓郁的色彩走去。

多少次了，都是匆匆而来，匆匆而去，从来没有仔细辨认过一座石窟的面容，堆凑起来，也是局部的印象。

这次，我越过那茂密的白杨树林，逐渐走出那低洼的河谷地带，广阔的戈壁沙丘与山前的缓坡，把我带到了一个可以俯视莫高窟全景的地方，高高的沙岗上，矗立着破败的佛塔。在古代，佛塔是安葬高僧灵骨的地方，不知道这两座佛塔中有没有僧人的灵骨。莫高窟自建窟以来，有众多的信徒，把信念和愿望雕刻在坚硬的石壁，在这荒僻的峡谷终其一生，他们的骸骨埋葬了哪里了呢？这些佛塔是不是他们的衣钵呢？在莫高窟的窟区，也有不少的佛塔，它们三三两两坐落于大泉河东岸，就像看守莫高窟的巨人。

我从沙梁上飞奔而下，直接进入大泉河谷，向着那片金色的树林走去。那里已经是莫高窟南部边缘地带，被高

敦煌莫高窟地处戈壁深处，远处的九层佛阁处在崖窟的中段，与崖顶等高，巍峨壮观。其木构为土红色，檐牙高啄，外观轮廓错落有致，檐角系铃，随风作响，十分壮观。

大的沙山遮挡，是莫高窟沙患的要害。起初，我认为这是一片人工栽植的树林，用来遮挡风沙。真正置身其间，才知原来那是一片原始胡杨林。

处于风沙线上的胡杨，枝干已经被风沙掩埋，但还是从四处生发出茂密的枝条，高擎着生命的力量。不大的树林里，那些经年的胡杨，主干扭曲，虬枝蜿蜒伸展，看得出来，在与风沙的搏斗中，它们的忍让与不屈之态。

好在，恶劣的环境中，有一泓泉水垂青它们，那从三危山深处远道而来的淙淙溪流，汇集成汪洋的河流，从这里流向莫高窟所在的河谷中，胡杨的根系，总能伸向那丰腴的水系。

也是这些水，造就了莫高窟的灵秀。当年，修行者们从夕阳西下的景致中看见盛大的千佛图像，已属冥冥之神示。有了这泉水，万物生长，使冥顽的石头也有了生机，不然在那凿穿的黝黑的石洞中怎会有如此绚烂的色彩与图案呢？那些各具神采的雕塑，横度千年寂寞的岁月，仍然栩栩如生。

深秋季节，一场浓霜过后，整个胡杨林就一片金黄了，金黄的胡杨倒影水中，晕染了一个温馨而华丽的世界。

胡杨 生命轮回在大漠

莫高窟的秋天虽是凉爽了许多，但周边的戈壁和沙漠把储存的热量源源不断地散发出来，尤其是日上三竿，还是有着秋老虎的威力。我在河谷里走了大约一千米的路，就已经大汗淋漓，走进胡杨林，那凉爽的气息才稍稍缓解了如同炉火炙烤的酷热。

　　这片林子不大，百十棵胡杨集中生长在大泉河西岸，但还是处于河谷之中，正因为这样，才避免了被风沙吞噬的厄运。初秋季节，敦煌的树木仍然焕发着蓬勃的生命，郁郁葱葱的，可这里的胡杨却一片金黄，这可能是今年干旱缺水的缘故。

　　树林里长满了带刺的灌木丛，人不能入。胡杨树除了树冠有金黄色的叶片，树冠以下的树枝基本上干枯，如果不是它还顶着一头金黄色的秀发，那情形与枯木无异。我发现，在树林里，倒看不出胡杨的辉煌与靓丽，相反，密布的枯枝败叶却让人多多少少产生了一种悲凉的情绪。

　　我在胡杨林的四周转了一圈，又爬上大泉河西岸的沙山顶上，我看见整个峡谷都被鲜嫩的绿色所充盈，唯独这一片是璀璨的金黄色，它们连接起来，就像是一块翡翠如意上嵌了黄金，这是不是大自然的创造呢？

　　从那片胡杨林中走出，每一段的回望，都有不一样的景致，越远一些，那胡杨的壮观就越震撼一些。

古墓梁下的胡杨林

敦煌的神奇，总是在不经意的一处，展示其逼人的魅力。

比如古墓梁。绵延数十千米的戈壁地带，遍布从魏晋开始的敦煌旺族和平民百姓的坟冢，在三危山的巨大阴影里，这里有着绝佳的风水。古代敦煌的亡灵，把能够在这里安眠，作为一种荣耀。其实，现实的目光中，它们也有着让人过目不忘的风景。头枕三危山，脚踩安敦（安西至敦煌）公路，既可以仰望莫高窟的尖顶，又可以俯视商道上穿梭的驼队，如果地下有灵，或许看得见儿孙们的身影。

不仅如此，还有一片胡杨林，亚洲腹地最古老的树种，在敦煌，也深埋它的根系，以万千姿态，为这块不平凡的土地增添奇异的色彩。

出敦煌市区 12 千米，欣赏了古墓梁之后，余韵未尽，它紧接着就出现了。在一处低洼地，胡杨聚积成片，树干并不粗壮，但枝叶茂密地伸展着，联结了清凉的绿阴。林间同样堆满了坟冢。

春天，它们吐露嫩叶；夏天，它们隐天蔽日；秋天，它们金黄如玉女；冬天，它们以嶙峋的虬枝，挂满霜雪。

世界上胡杨的数量在急剧减少，人为的肆意砍伐，自然的沧海巨变，一千年不死，一千年不倒，一千年不朽的胡杨，也不能逃避这残酷的劫难。塔里木盆地、额济纳绿洲……胡杨在一棵棵倒下，一棵棵枯死。在敦煌，丰富的地下水涌入它们的根脉，滋养着它们不断分蘖生命的力量，这力量也像敦煌的历史与文化，生机勃勃，光焰万丈。

记得有一年的秋天，我还在敦煌古墓梁下的一所乡村小学教书，在讲到一篇名为《香山红叶》的课文时，我激动地讲述了古墓梁下的胡杨林，在我的眼里，这里的胡杨要比公园里的红叶好看一万倍，也自然一万倍。在我声情并茂的讲述下，同学们都要争着去看那片胡杨林。

说去就去，我立刻在村上雇佣了两台拖拉机，孩子们欢笑着和我一同去了古墓梁。开拖拉机的村民一脸疑惑，不知道我们要去干啥，我说去看古墓梁下的胡杨林。

可是到了那片胡杨林，学生们都惊讶了，包括村民。那里的确是一片辉煌的宫殿，在阳光的照耀下，茂密的叶片散发着橙黄的光芒，美妙极了。

后来，在全市举办的作文竞赛中，我的学生获得了一等奖，对于一个农村学生来说，作文获得一等奖，那完全是古墓梁下的胡杨的功劳，那个学生只是素描般地叙述了那片胡杨林。

古墓梁、胡杨林，沉寂与喧嚣，死亡与再生，似乎只有敦煌才有可能让它们成为永恒的对照。这种对照，也是文明的彩幅，映照着敦煌的天空和大地。

敦煌西湖的胡杨

西湖是天下闻名的湖，西湖是天堂的邻居，不知道西湖的人没有多少。而我要说的西湖却鲜为人知，它蹲居于敦煌西北偏僻一隅，无限的荒凉之中，摇动着稀疏的芦苇、蒿草、骆驼刺和冰草，低洼处有积水，有积水的地方，渗出白茫茫的盐硝，胡杨在这里算是最高大的植物了。这里的胡杨树主干并不粗大，只有碗口大小。但它们一代代倒伏、一代代生长的历史已经几千年了。

听说很久以前，这里是一片浩渺的湖泊，地下水位降低之后，形成了一望无际的盐碱地和沼泽，如今，只有春秋两季潮水涌出的时候，才有一汪一汪的水，不过，那已不是湖泊，而是小小的海子了。

　　史书上记载，西湖的周边是有着大片大片胡杨林的。那时候，著名的丝绸之路从这里通过，那些西出敦煌的人，在这里举行最后的告别，篝火月光，水波荡漾，胡杨葱翠或者金黄，在蓝蓝的水边，在清爽的胡杨林里，人们尽情舞蹈、歌唱、痛饮，挥洒着人生的豪情。那些九死一生来到敦煌的人，在这里暂时歇脚，整理行囊，把西域带来的种子、玉石、香料一一清点，盘算未来的好日子。同样的月光，同样的湖水，同样的篝火和豪情，是那样的快乐和幸福。

　　如今，西湖已是一个鲜为人知的地方。由于干旱少雨，地下水位降低，大片的湖泊逐渐干枯，大片的草地逐渐退化，大片的胡杨逐渐死亡，环境恶化，真有那种"春风不度"的荒芜。部分胡杨的子孙还是顽强地生存了下来。只不过，这些胡杨林已不再有往昔那种蓬勃繁衍的势头了。胡杨林中，到处都有枯死的老树。一位牧羊人在这里生活了30多年，他告诉我们，一棵碗口粗细的胡杨，30年前是什么样，现在还是什么样。从前，人为的破坏也十分严重，戈壁上的野生树林，想砍就砍，想伐就伐。挖矿的人，牧羊的人，一年四季的柴火，靠的就是这片原

始胡杨林。好在近几年加大了保护力度，这片胡杨林才得以安宁地生存下来。

　　从敦煌前往古代的玉门关，在茫茫戈壁上，可以看见一片缥缈的黄色，那就是西湖的胡杨林了，一般人都把它当作海市蜃楼。除此之外，很少有人到这里来。

敦煌的西湖国家级自然保护区是敦煌西部的生态屏障，其地理地貌的多样化，神奇而美丽。

胡杨 生命轮回在大漠

5. 胡杨故事

一百四戈壁

　　一百四是村庄到大柴滩的距离，大约有 140 米。在我们村里，有一个不成文的规矩，如果小伙子长到 18 岁，在他刚刚过了生日的那一年冬天，必须去一趟一百四。

　　去一百四的路全是戈壁和沙滩，村上把最好的毛驴和毛驴车分配给几个小伙子，让他们结伴而行。一是路上有个照应，二是遇到险情可以共同抵挡。早年，一百四大柴滩常常出没狼和狐狸，听说还有豹子，人去少了，有危险。戈壁茫茫，沙滩无路，如果没有去过那里的人带路，几个毛头小伙子一头闯进戈壁和沙滩，非迷路不可。在他们出发的时候，村上的男女老少都要出门送行，尤其小伙子们的家长，更是百般叮嘱，生怕说漏了什么。小伙子们却不管不顾，鞭子一扬，就威风凛凛地开拔了。

风雪弥漫的敦煌戈壁，充满了无限的荒凉。

毛驴车上装满了吃的、喝的，还有被褥、羊皮大衣，一天一夜的沙路，空车还好说，颠簸着也就去了。到了一百四，情况就不一样了。村上并不是让他们大老远赶着车来玩，而是让他们把一百四大柴滩沙包子里粗大的胡杨根刨出来，装满一车子运回村里。谁运回的柴多，谁就是今后村上公认的好劳力。

　　这应该是一件事关小伙子们荣誉的大事，要是这件事完成不了，那以后找媳妇都是麻烦事了。

　　所以，小伙子们一到目的地，把毛驴放在野地吃草，就甩开膀子挖胡杨根，那真是千年的老根，一般都有四五个碗口粗。挖出来的胡杨根还不能马上装车，需要晾晒一天，脱去部分水分，减轻拉运的重量。接着，开始收集洪水冲来的干柴，小伙子们东奔西跑，每人都能拣到一大堆干柴。这时候已经是中午了，大家合伙生火做饭，吃饱吃好，每人还能喝一口高粱酒解乏。稍稍休息一下，就是装车的时间了。闯一百四，最关键的要算是装车了，装多了，车胎受不了，白装；装少了，这么远的路，不划算。只有装得不多不少，才算合适。怎样才能做到不多不少，这就是经验。在领路人的指点下，小伙子们先把粗大的红柳根装在车的底部，然后一层层错落有致地把干柴装在上面。装车的要领在于"稳"，装好的车，刹上绳子之后，不管怎么摇晃，柴禾都不能散架。小伙子们已经有点疲惫了，但更艰难的里程还在后面，在黑夜里冒着寒风赶路，一切顺利还算好，遇上车胎爆裂，要停下来修理，车翻了，要把车上的柴禾卸下来重新装。等一队毛驴车走进村庄的时候，小伙子们一个个都面无人色了。经过这样的一段旅程，村上的人会说："去过一百四了，小伙子成熟了。"

胡杨林中的红飘带

在沙漠上，我听到了一个胡杨林中的爱情故事，那是一段铭刻于心的生死爱恋。这段故事，在额济纳流传很广。

经历了沙漠的人，难以忘怀甘冽的清泉。而我，却永远铭记沙漠中的那一条红飘带，它是一份真挚的情感，更是我生命中的奇遇。

喧嚣的都市，常常使我陷入深深的困惑，似乎钢筋水泥的世界，挟持了我想象的翅膀，站在窗前，凝望高远的天空，我的思绪，又回到了那片无边的胡杨林，那片美丽的草原，那是一段嵌入我记忆长河的金子般的岁月。

胡杨的故事浪漫而美丽，胡杨的传奇，凄婉而悲伤。

凭着强烈的追求自然的愿望，我选择了艰难的沙漠；凭着年轻和自信，我一步步接近遥远的绿洲。没想到，就是这样一次选择，我几乎被沙漠彻底击败。疲惫、饥渴的旅途中，西部向我撩开了它神秘的面纱；脆弱的生态，遗留的星星点点的绿色；无情的黄沙，正向生命逼近。

　　不知沉睡了多久，当我从昏迷中醒来，一切都仿佛在梦境之中。一个美丽大方的牧羊女，一片宛若世外桃源的碧绿土地，我竟以这样的方式与她们相遇。我只能相信这是命运的恩赐。

　　郁郁葱葱的胡杨林，干净整洁的小木屋，绿草、白云、蓝天、牧场，完全是我想象中的自然美景。尤其是那迷宫一般的胡杨林，密如蛛网的胡杨树，根深叶茂、枝干粗壮，一身金灿灿的叶子，把草原装扮得如同待嫁的新娘。动听的牧歌，浪漫、豪放，无边的草地，宁静、优美。牧归的骆驼、成群的牛羊，还有那美丽的姑娘，我很快被这一切陶醉。

　　我们一起放牧、割草，我们一起劈柴、打水，自足的生活，无限的快乐，让我深深感到这是一块养育生命的土地，这块土地，连同身边温柔可爱的牧羊女，早已成为我生命中的一部分。

　　多少次林间散步，多少次无言相许，金黄的落叶伴随着我们欢乐的笑声，轻快的溪流映照着我们甜蜜的岁月。

　　此时此刻，我从来也没有想过，他们会离我而去，我会与他们擦肩而过。尽管，我与它们的分别是短暂的，短暂的离别是为了永久的相处，然而，这一切，都成了我痛苦的回忆。

　　当我从她泉水般的眸子里读出那一缕淡淡的忧伤，我的诺言，渗透了泪水，我把那条带着我体温的红飘带系在她的脖颈，无限的祝福，随风飘动，一刹那，我的眼睛模糊了。

　　当我渐渐远离那片绿洲，红飘带，如同一团火焰，仍然飘扬在那金黄的沙丘上。痛饮别离的苦酒，我恨不得插上一双翅膀，飞到胡杨林，回到她的身边。

终于，我回来了！红飘带的召唤，给了我永恒的力量，寂寞的归途中，我想象着她的脸庞、她的笑容，想象着那次奇遇，想象着那片胡杨林，我抑制不住内心的激动，崭新的生活又要开始了。

爬上那座沙丘，我的梦想破碎了，是那样突然，是那样毫无防备，就像晴天霹雳。河道干裂了；绿草枯死了；胡杨林，干柴一般矗立在龟裂的土地上；沙丘，掩埋了一切！

我的梦，远去了。一次又一次转场，牧人和牧人的牛羊远去了。

我无法接受眼前的现实，我诅咒罪恶的风沙，但冷静下来，驻足荒芜的家园，我们又怎能仅仅怪罪自然的无情。

红飘带挂在枯枝上，它像一面破碎的旗帜，更像一个古老的神话，沧海桑田，如果它不开口，谁还能给世人讲叙一个美丽的绿洲的故事。

我的姑娘，你在哪里？

我的绿洲，在风沙之中，你痛苦的呻吟，在向谁诉说……

牧人与胡杨

去额济纳已经十多次了，额济纳是处去了以后就难以忘怀，就禁不住还想去的地方。

大概是从前几年开始，额济纳在每年的 10 月上旬，都要举办声势浩大的胡杨节。在这块有着悠久历史的绿洲上，一望无际的金灿灿的胡杨林，成为人们审视古居延文明的钥匙。汉王朝的版图中，这里是农耕文明边境线上的一把刀子，到了唐代，丰盈的居延海使广阔的戈壁和沙漠变成了米粮川。当蒙古人来到这里的时候，那一条奔腾不息的河流，让骑在马背上的剽悍的男人激动不已，他们喊出了母亲的名字。今天的额济纳，在蒙语中，就是"母亲"的意思。而到了20世纪80年代，黑河断流，额济纳草场退化，大面积的湖泊干枯，大片的林木枯死，人们预言，额济纳将成为第二个楼兰。从那时起，我才知道了额济纳，去了额济纳，才看见了那些令人惊讶的胡杨，才了解了额济纳辉煌的历史文明。

胡杨　生命轮回在大漠

的确，走进额济纳 10 万亩郁郁葱葱的胡杨林，金色的叶子在金色阳光的照耀下，流淌金色的光芒，那情景，任何人都会沉醉。去过额济纳的人都有一个共同的体验：每去一次，就有新的发现，就有新的感受。

记得在一个十分寒冷的冬天，那时的额济纳一片荒芜，胡杨树落尽了叶子，干巴巴的树枝直刺天空，一副傲骨嶙峋的样子。地面上积了厚厚的一层雪，胡杨树干上也堆满了雪，银装素裹中，胡杨林透着一种神圣的宁静。我走在

用胡杨木围起的栅栏，成为羊群的饲料场，靠着储存的牧草，羊儿们在胡杨林中度过了又一个寒冷的冬季。

林间，不知不觉走到一座帐篷前，一位蒙古族老人引领我进入帐篷，老人的心情好极了，他说，又下雪了，下雪了好，有了雪就有了牧草，有多厚的雪，就有多茂盛的牧草。老人端上了奶茶和刚刚煮好的羊肉，并为我斟了一杯醇香的马奶酒。老人知道我是来看胡杨的，老人说：这片林子里的每一棵胡杨树都有自己的名字。这一棵叫巴特尔，那一棵叫牧云，每一棵胡杨树的名字，都是他们祖先的名字，也只有真正的英雄，才配在胡杨林留下自己的名字。听了老人的一席话，我震惊了。胡杨，只有在一个充满血性的民族，才会体现它顽强不屈的精神。

　　冬天的额济纳，雪中的额济纳，属于胡杨的额济纳，我只是接近了你，我还没有能够了解你。

图书在版编目（ＣＩＰ）数据

胡杨：生命轮回在大漠 / 胡杨著 . -- 北京：中国林业出版社，2015.7(2019.7重印)

（地理中国地理系列丛书）

ISBN 978-7-5038-7924-1

Ⅰ . ①胡… Ⅱ . ①胡… Ⅲ . ①荒漠 - 胡杨 - 介绍 - 中国 Ⅳ . ① S792.119

中国版本图书馆 CIP 数据核字 (2015) 第 058746 号

策划出品：北京图阅盛世文化传媒有限公司

责任编辑：张衍辉

稿件统筹：韩景萍

图片提供：搜图网 www.sophoto.com.cn

出版 / 中国林业出版社（北京市西城区刘海胡同 7 号）

电话 / 010-83143521

印刷 / 固安县京平诚乾印刷有限公司

开本 / 787mm × 1092mm 1/16

印张 / 15.125

版次 / 2015 年 7 月第 1 版

印次 / 2019 年 7 月第 2 次

字数 / 185 千字

定价 / 68.00 元